林业专家建议汇编

中国林学会　编

中国林業出版社

图书在版编目(CIP)数据

林业专家建议汇编/中国林学会编．—北京：中国林业出版社，2016.12
ISBN 978-7-5038-8888-5

Ⅰ.①林… Ⅱ.①中… Ⅲ.①林学－研究 Ⅳ.①ST

中国版本图书馆 CIP 数据核字(2016)第 322479 号

出版 中国林业出版社(100009 北京西城区刘海胡同 7 号)
网址 http://lycb.forestry.gov.cn
E-mail forestbook@163.com **电话** 010－83143543
发行 中国林业出版社
印刷 北京中科印刷有限公司
版次 2016 年 12 月第 1 版
印次 2016 年 12 月第 1 次
开本 787mm×1092mm 1/16
印张 7.25
字数 80 千字
印数 1～1 000 册
定价 40.00 元

前　言

开展决策咨询是中国林学会的重要职能，也是发挥学会广泛联系专家优势的重要体现。中国林学会自成立以来，多次组织专家针对林业重大、热点问题开展广泛调研，提出了许多有针对性的建议。如，1962 年提出的《对当前林业工作的几项建议》、1986 年提出的《林纸一体化建议》、1999 年提出的《迅速遏制松材线虫病在我国传播蔓延的对策及建议》，2008 年提出的《关于重视和加强林业及生态恢复重建的建议》，2014 年提出的《加强古树名木保护刻不容缓》等建议。这些建议受到了国务院、国家林业局（林业部）和中国科协等领导的高度重视，为林业现代化建设做出了应有的贡献。

为了更加充分的发挥学会的决策咨询职能，助力我国林业改革发展，2014 年，中国林学会创刊《林业专家建议》，并于 2015 年成立中国林业智库，为开展决策咨询提供更加坚实的组织依托和平台支撑。《林业专家建议》是中国林学会开展决策咨询工作的重要载体，是广大林业科技工作者建言献策的平台。《林业专家建议》创刊三年多以来，紧紧围绕我国林业现代化发展中的重大问题和热点领域，相继刊发相关政策咨询建议 15 篇，内容涉及古树名木保护、林业科技服务、病虫害防控、新型林业经营主体、林业补贴政策、森林培育、森林养生休闲、桉树科学发展、林业税费改革、天然林保育等方面。

本次将已刊发的建议结集出版，以飨读者。2017 年恰逢中国林学会百年华诞，让我们不忘初心，秉承几代林业科技工作者为建设现代林业、实现美丽中国的愿景，不断为我国的林业现代化建设贡献聪明才智。

编　者

2016 年 10 月

目　　录

关于开展“国家林业治理体系研究”的建议

党的十八届三中全会通过的《中共中央关于全面深化改革若干重大问题的决定》（以下简称《决定》）提出：“全面深化改革的总目标是完善和发展中国特色社会主义制度，推进国家治理体系和治理能力现代化”。确立这个总目标，意义十分重大。它意味着中国特色社会主义制度优势将更好转化为管理国家的效能；意味着我国将大踏步走向现代法治社会；意味着我们将构建更加完备、规范、运行有效的制度体系，使各方面制度更加成熟更加定型。

推进国家治理体系和治理能力现代化涉及到现代化建设的方方面面。最近，习近平总书记在第八次全国森林资源清查结果的报告批示中指出：近年来植树造林成效明显，但我国仍然是一个缺林少绿、生态脆弱的国家，人民群众期盼山更绿、水更清、环境更宜居，造林绿化、改善生态任重而道远。要全面深化林业改革，创新林业治理体系，充分调动各方面造林、育林、护林的积极性，稳步扩大森林面积，提升森林质量，增强森林生态功能，为建设美丽中国创造更好的生态条件。

这是习近平总书记在提出“国家治理体系”后，首次提出创新林业治理体系，充分体现了中央对林业的高度重视，体现了林业治理在国家治理体系中的重要位置。那么，如何创新林业治理体系？国家林业治理体系包括哪些内容？如何实现林业治理现代化？对这些理论和实践上的重要问题，我们认为有必要组织系统性的研究。本文对此提出以下建议，供决策参考。

一、研究的意义

（一）研究林业治理体系是谋划林业改革发展蓝图的重要举措

党的十八届三中全会规划了未来 10 年中国改革开放的总体设计框架和时间表、路线图，使未来 10 年的改革有了一个顶层设计的轮廓，全面展示了习近平为总书记的新一届党中央治国理政、治党治军的基本纲领。

以习近平为总书记的新一届中央领导集体对林业高度重视，对林业发表了系列重要讲话和作出重要批示。4 月 2 日，习近平同志在参加首都义务植树活动时指出，森林是陆地生态系统的主体和重要资源，是人类生存发展的重要生态保障。不可想象，没有森林，地球和人类会是什么样子。全社会都要按照党的十八大提出的建设美丽中国的要求，切实增强生态意识，切实加强生态环境保护，把我国建设成为生态环境良好的国家。这就充分说明新一届中央领导集体把林业放到了治国理政的总体部署中，为今后林业发展指明了方向。

未来10年，全面深化林业改革亟需一个时间表、路线图，为全面建成小康社会、实现中华民族伟大复兴的中国梦创造更好的生态条件。只有创新林业治理体系，才能增强生态林业民生林业发展的内生动力，推动森林保护和经营，加强荒漠化、石漠化、水土流失综合治理，扩大森林、湖泊、湿地面积；同时，只有推进林业治理现代化，才能真正发挥出林业在维护生态安全中的基础性作用，筑牢生态安全屏障，为建设美丽中国作出贡献。

（二）研究国家林业治理体系将是我国林业发展上的又一次重大理论创新

改革开放35年来，我国林业事业取得巨大成就，我们持续开展了中国历史上规模空前的生态建设，以每年造林几千万亩的速度发展人工林，大力实施天然林保护、退耕还林等生态工程，成为世界上森林面积蓄积增长最快的国家。

纵观改革开放以来林业的历史，林业取得巨大成就的根本原因，就是坚持走中国道路，在实践中总结规律，勇于理论创新。20世纪80年代邓小平同志倡导了世界上规模最大、持续时间最长的全民义务植树运动，颁发了第一部《中华人民共和国森林法》，实施了世界上最大的生态工程——“三北”防护林工程，作出了林业发展史上的壮举。90年代江泽民同志提出了“再造秀美山川”的宏伟目标，发出了“全党动员、全民动手、植树造林、绿化祖国”的号召，把加强生态建设和林业发展作为实现可持续发展的重要战略，实施了长江上中游、京津风沙源等重大生态工程。进入 21 世纪，以胡锦涛为总书记的中央领导集体对林业作出了一系列重大决策部署，赋予林业在生态建设中首要地位，在可持续发展战略中重要地位，在西部大开发中基础地位，在应对气候变化中特殊地位。2002 年 11 月，经温家宝同志提议，组织近 300 名院士、专家开展了中国可持续发展林业战略研究，总结了林业发展的历程，研究了新时期林业发展的战略。2003 年 6 月和 2008 年 6 月，中央先后颁发了《关于加快林业发展的决定》和《关于全面推进集体林权制度改革的意见》，林业改革发展进入辉煌历史时期。

党的十八大选举产生的新一届中央领导集体对林业和生态建设作出了一系列新部署、新要求。研究林业治理体系，就是把林业改革作为全面深化改革攻坚战的内容，把林业发展作为实现“中国梦”的基本条件，在国家治理体系和治理能力现代化中凸显林业的功能作用，引领今后 10 年、20 年我国林业的发展，这将是又一次重要的理论创新活动，是科学研究与实践相结合的经典范例。

（三）研究国家林业治理体系将为推动我国林业的又一次历史性转变提供思想支撑

新中国成立以来，我国林业走过了曲折的发展道路。从 20 世纪 50 年代到 70 年代末期，传统林业思想占主导地位，林业的主要任务是生产木材，为国家建设提供原始积累；从 20 世纪 70 年代末期到 90 年代后期，我国林业进入木材生产和生态建设并重的阶段，林业进入发展较快的时期，但人们对森林的认识尚未升华到今天的高度，国家财力也难以拿出太多的资金用于生态建设；进入 21 世纪以来，国家对林业实行战略性调整，实施以生态建设为主的发展战略，对林业的投入大幅增加，林业进入调整加速、步伐加快的新时期。

但是，长期受计划经济的影响，我国林业和生态建设面临的发展可持续性不足、体制机制不顺等问题仍然比较突出。主要特点是：管办不分，政府包揽事务过多，从造林计划安排到检查验收，从采伐计划下达到伐区设计下拨，事无巨细，都由林业部门操心，没有摆脱“生产部门”的性质；森林资源保护、林地保护、自然区保护的压力越来越大，林业部门疲于各种事件的应对；防火、防病虫害、防乱砍滥伐任务艰巨，基层林业行政管理人员失职渎职风险加大；法律法规制度不完善，职能职责与其他部门有交叉和矛盾，有的地方行政效能不高，施政效果差强人意。

有效的政府必然是职责有限的政府。在国家林业治理体系的架构下，将建构起政府、市场、社会各归其位，既相互制约又相互支撑的分工体系，促进社会主体组织化发展，分散国家治理资源，在多元、集体、互动的治理模式中，解决庞杂、专业的问题。推进国家林业治理能力现代化，林业发展将由政府管理型向治理型转变，这将是我国林业的又一次历史性转变，它将导致林业发展内生机制和模式发生根本变革。一是在主体上发生变化，将主要由政府管理转向多元主体共治，由管办不分走向管办分开，实现真正的全社会办林业；二是在权力结构上发生变化，林业治理结构将主要由行政权力治理转向社会契约和公众自觉自愿的自治；三是在范围上发生变化，将由条块分割的体制转向合力共治；四是在手段机制上发生变化，将由命令、控制和规制为主，自上而下的权力运行转向协调、协商、长期合作，自上而下或平行运行；五是在价值取向上发生变化，将主要由行政观、制度观和责任观转向更加强调民主观、社会观和法治观。

二、国家林业治理体系研究的目标和内容

国家林业治理体系研究工作的总体目标是：研究如何构建更加成熟更加定型的林业治理体系，为创新国家林业治理体系、实现林业治理能力现代化提供理论与思想支撑。具体内容在以下几方面。

（一）林业治理体系的内涵

治理理论是一种全新的政治分析框架，是对传统理论的超越和发展。要通过研究，明晰林业治理体系的深刻内涵、本质特征，林业治理体系与国家治理体系的内在关系等。

（二）林业治理体系的框架和结构

国家林业治理体系和治理能力是一个相辅相成的有机整体，可从价值体系、结构体系和运行体系三个方面进行研究。价值体系就是林业治理的理念和观念取向；结构体系就是林业治理的组织和构成方式；运行体系就是林业治理的机制与运作组合。国家林业治理体系主要包括三大板块，即创新林业管理体制机制、健全林业市场体系、构建生态公共服务体系。创新林业管理体制机制的核心是林业管理体制和管理能力现代化，核心内容主要是明晰中央与地方、国家与社会、政府与市场的责权利关系；健全林业市场体系的核心是使市场在资源配置中起决定性作用和更好发挥政府作用；构建现代生态服务体系的

核心是加快生态建设，优化国土生态空间格局，确保国家生态安全和人民生产生活具备良好的生态条件。

（三）林业治理能力现代化的方向和路径

林业治理能力现代化包含丰富的内容，要研究其路径、共性规律和基本方向。与国家治理现代化的目标相同，国家林业治理的理想状态，就是"善治"。善治不同于传统的政治理想"善政"或"仁政"，善政是对政府治理的要求，即要求一个好的政府，善治则是对整个社会的要求。林业是惠及全民的公共事业，林业"善治"更显重要，它是促进公共利益最大化的过程。要实现林业善治的理想目标，就必须选择合适的路径，努力推进。

（四）美丽中国的林业治理新格局

建设美丽中国是增进人民福祉的抉择。林业肩负着森林、湿地、荒漠和生物多样性的保护与管理职责，"让绿色成就美丽、让美丽增添底色"，是林业的主业。要研究美丽中国建设背景下的治理格局，构建有利于加快植树造林和荒漠化治理，实施重大生态修复工程，增强生态产品生产能力；加强森林保护、物种保护、林地保护、湿地保护，提升森林、湿地等生态系统的生态功能；优化国土空间开发格局，促进生产空间集约高效、生活空间宜居适度、生态空间山清水秀。构筑全社会共同参与的大格局，为中华民族永续发展提供良好的生态条件。

（五）生态文明建设的林业治理方略

习近平总书记在《决定》说明中指出，山水林田湖是一个生命共同体，人的命脉在田，田的命脉在水，水的命脉在山，山的命脉在土，土的命脉在树，形象地说明了生态系统的相互关系。加强生态文明建设的现实路径，就是遵循自然规律，对山水林田湖进行统一规划、系统整治。森林生态系统是陆地生态系统的主体，覆盖范围包括山区、河湖湿地、农田，不仅在维护区域生态环境上起着重要作用，而且在全球碳平衡中也有着巨大的贡献。要把林业作为统领山水林田湖治理保护的关键选项，加强自然生态系统保护、提高生态承载力、建设生态文明。

（六）中国特色社会主义制度在林业治理中的实践

构建林业治理体系需要把改革开放以来林业发展的成功经验，上升为理性的认识。要在坚持全国动员、全民动手、全社会办林业，坚持推进林业重点工程建设，坚持兴林和富民相统一，大力发展林业产业；坚持严格保护、积极发展、科学经营、持续利用森林资源，坚持尊重自然和经济规律，因地制宜，乔灌草合理配置，坚持科教兴林、依法治林等方面进行总结。运用法律、行政、经济、道德、教育、协商等方法治理林业，做到动员、组织、监管、服务、配置功能匹配，自上而下、自下而上、横向互动推动林业治理。

（七）协同共治的林业法律政策体系

古人云："小智理事，大智用人，睿智立法"；"治国无法则乱，守法而弗变则悖，悖不可以持国"。国家林业治理体系的实质就是要汲取现代治理的思想精髓，实现依法治林、协同共治、整体共治。让权力在法律与制度的框架下运行。要建立协同共治的林业法律政策体系，达到"林业善治"，就要在治理理念现代化的指导下，实现规范化、法治化、民主化、协同化，从中央到地方各个层级，充分尊重法律的权威，从政府治理到社会治理，各种制度安排成为一个整体，各项政策从根本上体现人民的意志和人民的主体地位，有着完善的制度安排和规范的公共秩序，建立与国家治理体系相对接，顺畅高效的林业法律政策体系，在林业治理现代化上取得总体效果。

（八）林业治理的全球合作

我国已成为第一大木材进口国和第二大林产品贸易国，同时也是第一大人工林保存国。随着全球化的深入发展，环境、生态、资源、气候等许多问题更需要国际社会的合作。国际森林问题政府间磋商经历了从 1992 年环发大会诞生《21 世纪议程》和《关于森林问题的原则声明》，到 2000 年联合国经社理事会决定成立联合国森林论坛，再发展到 2007 年联合国通过《国际森林文书》，到现在已经有 20 多年的历程，虽然国际社会对森林问题的共识日益增强，但实现全球森林治理、建立公平高效的全球森林治理体系目标，任重而道远。要通过研究，采取共治措施，努力实现扭转森林减少趋势等全球森林目标，加强涉林国际公约间的协调，有效应对气候变化，保护生物多样性，防治土地退化和荒漠化，加快解决国际森林问题执行方式的步伐。

三、研究的组织形式

鉴于这项研究工作的极端重要性，建议参照《中国可持续发展林业战略研究》的组织方式，在国家林业局成立领导小组和专家组，由国家林业局主要负责同志担任领导小组组长，同时选定一名专家型领导担任专家组组长，组织国内外专家开展攻关研究。

（中国林学会副理事长兼秘书长、研究员　陈幸良）

加强古树名木保护刻不容缓

——院士、专家关于加强古树名木保护的建议

受全国绿化委员会办公室委托，中国林学会于2012年7月至2013年8月组织有关院士、专家，就我国古树名木保护情况开展了专项调研。调研组先后深入北京、山西、新疆、湖北等地进行了实地考察、专题座谈和问卷调查，并委托各省（自治区、直辖市）绿化委员会办公室对本省（自治区、直辖市）古树名木保护情况进行了调研。调研结果表明，我国古树名木保护取得了明显成效，但问题也十分突出。院士、专家呼吁，必须迅速采取有力措施，切实加强古树名木保护。

一、加强古树名木保护的重大意义

古树是指树龄在100年以上的树木；名木是指珍贵、稀有、具有重要纪念意义或历史、文化、科学价值的树木。古树

名木客观记录了自然环境的变迁，有效保存了珍贵的遗传资源，承载着丰富的历史典故，蕴藏着深刻的人文内涵，寄托着真切的情感和永久的记忆。如陕西黄帝陵的轩辕古柏、南京的六朝古松、广东高州的唐朝古荔枝等古树名木，已经成为重要的历史象征和鲜明的文化符号。

古树名木所蕴藏的丰富的自然、社会、历史、文化等宝贵信息，决定了其不可替代的作用和重要价值。古树名木是研究自然变迁、气候变化的活化石，是保护与保持林木遗传资源的天然基因库，是研究社会历史的活文物，是传承传统文化的活教材，是展示人与自然和谐的博物馆，是不可多得的旅游资源。

古树名木是祖先留给我们和子孙后代的宝贵财富。保护一株古树名木，就是保存一部自然与社会发展史书，保存一份优良的林木种质资源，也是保存一件珍贵古老的历史文物，保护一种人文和自然景观。加强古树名木保护，是推进生态文明建设的必然要求，是发展先进生态文化的迫切需要，是促进人与自然和谐的重要举措。

二、我国古树名木保护现状与存在的问题

我国自古以来就有崇拜树木、保护树木的优良传统，从而使一大批古树名木得以保存。改革开放以来，古树名木保护工作越来越受到社会各方面的重视，各级政府特别是林业主管部门先后出台了一系列政策措施，古树名木保护工作取得了明显的成效。1996 年，全国绿化委员会印发了《关于加强保护古树

名木工作的通知》和《实施方案》；2001～2005年，全国绿化委员会、国家林业局在全国范围内展开了首次大规模的古树名木普查、建档工作，为进一步加强古树名木保护奠定了基础。2003年，国家林业局下发了《关于规范树木采挖管理有关问题的通知》；2009年，全国绿化委员会、国家林业局下发了《关于禁止大树古树移植进城的通知》；2013年，国家林业局又下发了《关于切实加强和严格规范树木采挖移植管理的通知》。与此同时，各地也相继制定了古树名木保护管理的条例、办法等法规，有力推动了古树名木保护工作。

但是，通过本次调研发现，当前我国古树名木保护工作仍然存在着许多问题：一是现有古树名木保护措施不力。很多古树名木，尤其是处于乡村、偏远地区的古树名木没有采取围栏、修补、复壮、安装避雷针、防治病虫害等任何保护措施，基本上是处于自生自灭的状态。二是由于道路、城镇化等基本建设，使得古树名木破坏严重。仅江西赣江石虎塘航电枢纽工程区域内就涉及古树名木816株。三是有的地方急功近利，大树古树进城现象十分普遍。许多城区新建广场或新开发的房地产项目，处处可见大树、古树的身影，导致古树名木损毁严重。安徽某地花4000万元巨资从外地购买96棵紫薇古树，结果全部死亡。四是由于利益驱使，违规乱挖滥移，黑市买卖猖獗，破坏了古树名木原有的生境和价值。一棵紫薇、罗汉松、桂花等名贵古树倒卖到一些发达地区可卖到数十万甚至上百万元。江苏某企业占地2000余亩，全部用来囤积从外地移栽来的古树，数量惊人。五是家底不清，认定、建档、挂牌等基础工作薄弱。究其原因，主要是对保护古树名木重要性和紧迫性认识不到位；普查不彻底、不规范，家底不清；相关法律法规不健全，管理体制不顺，责任主体不明确；缺乏专项保护经费，科技支撑不力等。

三、关于加强古树名木保护工作的建议

基于本次调研的结果，针对存在的突出问题，提出如下建议：

（一）将古树名木保护作为生态文明建设的重要内容，加强组织领导，理顺管理体制

应把古树名木保护工作作为从中央到地方各级政府生态文明建设的重要内容，列入经济社会发展总体规划，摆在重要议事日程，切实加强组织领导。鉴于古树名木保护牵涉面广、涉及部门多，建议建立统一领导、部门分工负责、分级管理的管理体制，由各级政府负总责，各级绿化委员会办公室统一负责本级城乡古树名木保护工作，其中城市建成区古树名木保护工作由城建部门负责，城市建成区以外的古树名木保护工作由林业部门负责。按照“谁所有、谁负责”的原则明确管护责任主体，落实管护责任，签订责任书。真正做到上有人抓，下有人管。

（二）尽快制定出台古树名木保护法规，使古树名木保护走向法制化、规范化

完善的法律法规，是加强古树名木保护的重要保障。到目前为止，我国还没有一部专门关于古树名木保护的法律法规，建议由国务院制定出台全国性的《古树名木保护条例》，在该条

例出台前，建议由全国绿化委员会与国家林业局等有关部门制定出台《古树名木保护管理办法》，同时进一步推进地方古树名木保护法规建设，使古树名木保护工作有法可依、有章可循。

（三）尽快开展新一轮全国古树名木普查，完善认定、登记、建档、挂牌等基础工作

摸清家底，是做好古树名木保护工作的重要基础。从上次普查至今，已经经过了 10 年，许多情况发生了变化。建议国家财政部门安排落实古树名木普查专项经费，由全国绿化委员会牵头，组织林业、城建等部门全面彻底开展古树名木普查，在此基础上进一步开展古树名木的认定、登记、建档、挂牌等工作，为制定科学的保护计划和采取相应保护措施奠定基础。有关部门应尽快研究制定普查规范，开展培训，为普查工作做好准备。

（四）严厉打击破坏行为，遏制古树名木资源的大量损毁

古树名木是活的生物体，移动古树名木，不仅容易造成古树名木死亡、损毁，而且会导致古树名木丧失原有的价值。建议进一步加大监管力度，严厉打击非法移植大树古树和买卖古树名木的行为，遏制“大树进城”之风。凡国家重点基建项目中涉及古树名木的，能避让的应尽量避让。确实无法避让的，应经古树名木保护主管部门批准同意，实行就近移栽。

（五）尽快实施重点古树名木保护工程，有效保护现有资源

建议国家尽快编制规划，尽早实施重点古树名木保护工程，落实责任主体，强化修补、复壮、病虫害防治等各项保护措施，切实保护古树名木资源。加强古树名木抗衰老、抗病虫、复壮、树龄测定等技术研究，加大技术推广力度，广泛开展技术培训，大力提高保护科学化水平。开发古树名木管理信息系统，建立国家、省、市、县四级网络体系，强化古树名木资源的科学管理。

（六）设立古树名木保护财政专项经费，确保古树名木保护工作正常开展

古树名木保护是一项重要的公益性事业，保护经费投入应纳入各级财政预算。建议建立“分级投入，分级管理”的经费投入机制。对经专家评价，具有重要保护意义的一级古树名木，由中央财政投入保护，对二级及以下的古树名木由地方财政投入保护。同时，要鼓励社会各界积极参与古树名木保护，有序开展古树认养活动。

附件：提出《加强古树名木保护刻不容缓》建议专家名单

（中国林学会办公室主任、教授级高工　刘合胜）

附　件

提出《加强古树名木保护刻不容缓》建议
专家名单

沈国舫　原中国工程院副院长、院士

李文华　中国工程院院士、中国科学院地理科学与资源研究所研究员

唐守正　中国科学院院士、中国林科院首席科学家、国务院参事

张齐生　中国工程院院士、南京林业大学教授

盛炜彤　中国林科院首席科学家、研究员，原国务院参事

吴　斌　北京林业大学党委书记、教授

杨传平　东北林业大学校长、教授

曹福亮　南京林业大学校长、教授

严　耕　北京林业大学人文社会科学学院院长、教授

沈应柏　北京林业大学生物科学与技术学院教授

姚　贝　北京林业大学人文社会科学学院副教授

汤庚国　南京林业大学教授

方炎明　南京林业大学环境资源学院党委书记、教授

刘合胜　中国林学会教授级高工

郭建斌　中国林学会工程师

王　枫　中国林学会助工

王乾宇　中国林学会助工

发展生态林业民生林业
急需加强林业科技服务

增强林业科技支撑能力，是实现林业治理能力现代化的重要组成部分。当前，我国林业正处于一个特殊而关键的发展时期，生态建设已经进入了攻坚克难阶段，森林资源正在由量的扩展向质的提升转变，林业产业面临着结构调整和转型升级的压力，这就更加需要强有力的科技支撑。特别是随着集体林权制度改革的不断深化，广大林农对林业科技的需求更加迫切、更加广泛，科技已经成为生态林业民生林业发展的重要推动力。

按照“源—库—流”理论，要提升林业科技支撑能力，就必须抓好三个环节：一是输入环节，要着力提高科技创新能力和水平，不断地产出更多、更好的科技成果，这就是“源”；二是储备环节，要加强科技成果转化与推广应用，通过成果中试、技术孵化、试验示范等手段，使科技创新成果转化为可以直接应用于生产实践的实用技术，这就是“库”；三是输出环节，需要着眼于生产一线的实际需求，提供常态化的科技服务，这就是“流”。只有实现“源丰、库满、流畅”，才能真正发挥科技的支撑引领作用。多年来，我们在林业科技创新和成果转化应用方面做了大量的工作，取得了巨大的成就，而面向广大林农的常态化科技服务仍然是一个短板。因此，建立健全符合我国国情林情的林业科技服务体系，为广大林农提供及时、便捷、有效的科技服务，已经成为当前一项非常紧迫的任务。

一、我国林业科技服务的基本现状

我国的林业科技服务工作是与科技推广工作相结合展开的。各级林业科技推广站（中心）、乡镇林业站是林业科技服务的主体，林业科研院所、高等院校等是林业科技服务的重要参与单位。目前，全国各级林业科技推广站（中心）总数已达到3000多个，基层林业工作站约2.8万个，基本形成了省、市、县、乡四级林业科技推广网络体系。

从面向林农的科技服务工作内容看，主要包括以下五个方面：一是以林业科技富民工程、科技成果转化专项等推广计划为载体，开展林业新品种、新技术推广；二是实施“百县千村万户”林业科技示范行动，建立科技示范基地和科技示范县（村、户），构建从县、村到农户的基层林业科技示范体系；三是选派林业科技特派员深入基层，开展各种技术服务活动，建立林业科技特派员示范基地；四是组织林业科研人员、高校师生开展各种形式的科技下乡活动，为林农送知识、送技术，面向林农、基层林业技术人员开展林业方针政策、先进实用技术等方面的培训和指导；五是通过设立兴林富民服务热线、开通手机短信服务等，为林农提供政策、科技等多方面的咨询。

“十一五”期间，全国林业系统共组织实施各类科技推广项目4558项，推广应用了一大批增产增效的新品种、新技术，依托项目建立林业科技示范园(基地)5420个，示范面积达2.2亿亩；在全国建设国家级林业科技示范县70个、林业科技示范点700多个，建立了油茶、核桃、竹子、红枣等120个全国林业标准化示范区；选派4389名林业科技特派员深入生产一线开展创新创业活动，指导林农57万户，新增就业岗位近2万个，带动致富人数24万人；组织开展各种形式的科技下乡活动8.8万次，组织专家集中开展技术指导892万人次，举办7万余次技术培训班，培训林农1600万人次。

“十二五”以来，共争取林业科技富民工程等推广资金7.3亿元，推广木本粮油新品种、林下经济、生物质能源和森林经营实用技术700余项；组织实施农业科技成果转化资金项目36项，转化应用林木新品种80个，繁殖培育苗木近3000万株，建立示范生产线27条，实现销售收入达7500万元；建设油茶、核桃、竹子红枣等10个全国林业标准化示范区、14个国家农业标准化示范区；选派特派员4000余名，建立了科技特派员服务合约制度，新建了一批林业科技特派员示范基地。

二、当前林业科技服务存在的主要问题

我国的林业科技推广体系是经过长期的实践探索逐步建立

起来的，为推动林业发展发挥了重要作用。但是，随着林业发展形势的不断变化，现行林业科技推广体系中服务功能薄弱的问题也越来越突出。总体来看，主要有以下三个方面：

第一，注重集成配套的新品种、新技术推广应用，面向林农的一般性技术服务相对薄弱。

加快新技术、新品种的推广应用，是科技创新成果向现实生产力转化的必然途径，在这方面已经开展了大量的工作，特别是通过科技成果转化、科技推广项目、科技示范基地建设项目的实施，使一大批科技成果得以集成配套、推广应用，取得了显著的成效。但是，对于大多数林农而言，更多的是需要简单易懂、方便管用实用技术，而在目前的科技推广工作中，这方面恰恰是一个相对薄弱的环节。

第二，自上而下的技术供给占主导地位，由林农根据实际需求自选的技术服务模式尚未形成。

尽管在各类科技推广项目的立项过程中，充分考虑了基层林业生产中的科技需求，但是一旦项目付诸实施，林农仍然处于被动接受的地位。往往是项目实施单位按计划推广某一单项或配套技术，林农只能选择参与或不参与项目活动，不能根据自家的需求选择技术服务的内容。也就是说，多数科技推广活动开办的是单一品牌的“专卖店”，而不是种类丰富的“自选超市”。

第三，短平快的科技服务活动较多，缺乏常态化、互动式的科技服务机制。

近年来，国家林业局和各地林业主管部门组织开展了一系列的科技服务林改活动，通过科技下乡、选派科技特派员、举办科技周等多种形式为林农送知识、送技术，进行技术培训、现场指导，深受林农欢迎。但这些活动往往时间较短、覆盖面较窄，远远不能满足林农的需求。尽管一些地方创新性地开展了热线电话、手机短信等服务，但由于专业性较强，往往不能及时、准确地回答林农提出的问题。

分析出现上述问题的原因，笔者认为主要有三点：一是长期以来形成的自上而下的工作理念尚未改变；二是基层科技推广机构人员数量严重不足、素质参差不齐，特别是乡镇林业站人员少、任务重，科技服务职能严重弱化；三是对于承担林业科研项目的科研人员缺乏科技服务方面的硬性要求和考核指标，看得见、摸得着、用得上、能管用的实用技术供给不足。

三、关于进一步加强林业科技服务的几点建议

今年，国务院先后两次召开常务会议，研究部署深化科技成果使用、处置和收益管理改革和加快科技服务业发展问题。这是促进科技成果转移转化、提升企业创新能力和竞争力的重要举措。

林业作为国家重要的基础产业和公共事业，具有周期长、见效慢、效益外部性强的特点。因此，林业科技服务工作必须坚持“两条腿走路”的方针。一方面，面向林产加工企业等市场主体，要认真落实中央精神，坚持以市场为导向，以研发中介、技术转移、创业孵化、知识产权等领域为重点，大力推进林业科技服务业发展；另一方面，面向广大林农，则需要以公益性科技服务为主。

在此，就进一步强化面向广大林农的林业科技服务工作，提出以下几点建议：

（一）强化各级林业科技推广机构的服务职能

目前，各级林业科技推广机构的工作重点，主要集中在组织实施各类科技推广、转化项目，抓新品种、新技术的推广应用和建立各类示范区、示范点，而面向林农的科技服务职能相对弱化。建议将各级林业科技推广站（中心）统一更名为“林业科技推广服务站（中心）”，强化科技服务职能，并设置专门的服务岗位，以工作职能的转变带动服务理念的转变。不仅要重视新品种、新技术的推广应用，也要重视一般性常规技术的指导服务；不仅要重视示范带动，同时要重视以林农需求为导向的技术供给；不仅要重视知识讲座、技术培训等室内服务，更要重视深入田间地头的现场指导；不仅要抓好科技下乡等短期性科技服务活动，同时要建立方便及时的常态化科技服务机制。

（二）建立专业化的乡镇林业站科技服务队伍

乡镇林业站是我国林业管理、服务的最基层机构，也是直接与林农打交道最多的部门。加强乡镇林业站科技服务队伍建设，充分发挥其在林业科技服务中的作用，是提升科技服务水平的必由之路，只有这样才能使林业科技服务真正落地。德国、日本等林业发达国家，都有一支数量充足、实力雄厚的基层林业科技服务队伍。德国的基层林务官实行网格化布局，根据私有林主数量和面积配置，他们不仅行使林业执法和管理职能，同时也为林主提供政策法律、经营规划、经营技术、市场信息等全方位的服务。日本实行“林业技术普及指导员”制度，这些林业技术普及指导员是从具有丰富林业实际工作经验的人员中通过资格考试选拔出来的，他们作为地方公务员，配置在各市、町、村的林业管理部门，专门从事为林农提供科技服务的工作。目前我国乡镇林业站总数约 2.8 万个，在岗工作人员约 13 万人，每个工作站平均不足 5 人。在岗工作人员中，大专以上学历的约占 49%，中专、高中学历的约占 44%，初中及以下文化程度的占 7%。由此可以看出，目前的乡镇林业站很难担当起为林农提供科技服务的职责。因此，建议借鉴林业发达国家的经验，在乡镇林业站建立一支稳定的科技服务专业队伍，为广大林农提供方便及时、常态化的科技服务。

（三）明确林业科研、教育机构等的科技服务职责

各级林业科研机构、林业大中专院校等，是我国林业科技创新的主体力量，拥有数量庞大、专业齐备的林业科技人才队伍。作为国家全额拨款的事业单位，执行着一大批国家科技计划项目，不仅要为国家提供一流的林业科技创新成果，同时也要义不容辞地肩负林业科技服务的义务。首先，林业科研机构、林业大中专院校等，要为各级林业科技推广服务机构、基层林业站的人员提供定期的专业培训，不断提高其基础理论水平，促进其知识更新。其次，要鼓励广大科技人员通过科技下乡、选派林业科技特派员等多种方式，深入基层、为林农提供科技服务。第三，要不断完善科技人员管理考核制度，明确科研人员承担科技推广和科技服务的责任和义务。

（四）建设综合性的林业科技服务专业网络平台

在现代社会中，浏览网页、引擎搜索、刷微博、看微信、收邮件、发短信等，已经成为人们日常生活中的家常便饭，农民也不例外。因此，建立林业科技服务专业网络平台、互动咨询服务平台等，是弥补现场培训、现地指导供给不足、覆盖空缺的最佳途径，也是开展自助式、互动式服务的良好方式。到目前为止，各地虽然已经建立了不少与林业科技相关的网站，但多数网站的内容都是以科研项目、科技活动等工作动态为主，林农能够直接使用的实用技术非常少。为改变这种现状，笔者建议：第一，整合各类网络信息资源，建立全国、地方联动共享的林业科技服务综合网络信息平台，为广大林农、林业生产经营单位、涉林企业等查询所需的技术和信息提供便利；第二，建立基于电脑终端、手机客户端等多种形式的互动问答通道，方便进行相关技术的咨询；第三，建立由各级林业科技推广机构、林业科研院所、高等院校等专家构成的咨询服务团队，负责提供技术服务稿件，回答相关问题和咨询；第四，设立专项资金用于网络数据库建设、数据更新及咨询专家劳务报酬，为确保网络平台的高效、实用和可持续运行提供保障。

（中国林科院林权改革研究中心常务副主任、研究员　王登举）

关于加快完善集体林区有害生物防治基层服务体系的建议

集体林权制度改革，极大调动了农民发展林业、经营林业的积极性，释放了林地蕴藏的巨大生产潜力，取得了显著成绩。但是，集体林权制度改革本身是一项复杂的系统工程，随着改革的不断深入和时间推移，一些发展中新问题也逐渐显现出来。加快完善集体林区林业有害生物防治的基层服务体系，就是当前亟须解决的问题之一。

一、我国林业有害生物防治的基本现状

近年来，林业有害生物防控工作越来越受到各级政府及林业主管部门的高度重视，防控体系不断完善，防控能力不断加强：一是建立了包括国家、省级、地市级、县级以及国有林区、国有林场，比较完善的森林保护体系；二是国家对森防体

系建设的投入不断增加，基础设施不断改善，各级森防机构（尤其是县级森防机构）的条件与能力建设得到了大幅度提升；三是林业有害生物防治科技创新能力不断增强，为一些重大或常发性有害生物防控提供了有力的科技支撑；四是一些省份已在积极探索集体林权制度改革后有害生物防治的基层服务保障方式，如福建的专业合作社、江西的“三防协会”（防火、防虫、防盗）、湖南洞口“冬防火、夏防虫”社会服务组织等，取得了明显的成效，积累了丰富的经验。

二、林改后有害生物防治中存在的主要问题

集体林权制度改革后，广大林农造林、营林、护林的积极性空前高涨，但林权结构和经营形式的多样化也带来了林业有害生物防治的新问题，主要表现在：

（一）区域有害生物统一防控的难度增加

林改前，集体林区的产权主体是村集体，有害生物防治的统一防控相对比较容易开展。林改后，一家一户的林农成为集体林的产权主体和经营主体，由于认识水平、支付能力、林种结构、经营方式等的不同，各家各户对有害生物防治的需求和意愿也千差万别，这就大大增加了区域防控的难度。而有害生物的发生和扩散既不分利益主体、也不分“张家林地”或“李家林地”，如果“张家”防而“李家”不防，必然会影响区域防控的整体效果。

（二）重大检疫性有害生物拔除的难度增加

从有害生物的起源看，可分为本土性和外来检疫性两类，

后者的危害性往往更大。重大外来检疫性有害生物一旦传入某地区，就必须彻底拔除。但是，如果疫源点所在林分属于已经确权给林农的集体林，必然会涉及对清除疫源的林木损失补偿问题，关系到林农的经济利益，往往会阻力重重。这就大大增加了重大检疫性有害生物拔除的难度，影响整个区域生物安全。

(三)森防部门开展服务的工作量增加

面向基层提供林业有害生物防治的技术指导、咨询等服务，是各级森防机构的重要职责。随着集体林改的全面推进，森防机构的服务对象也由原来的村集体转变为单独经营的农户和各类林农合作组织，服务对象的数量大幅度增加、需求更加多元化，这就对提供服务的形式、内容、时间等都提出了新的挑战。而目前基层森防机构的人员编制有限，很难应对如此大的工作量。

(四)不同林种有害生物防治的差距加大

主体价值和效益属性决定投入取向。从林种划分看，生态公益林的主体价值是生态效益，经营主体是政府，有害生物防治的投入相对稳定，防治效果明显。而商品林的主体价值是经济效益，经营主体是林农，有害生物防治的投入存在不确定性，因此问题也较多。因此，如果商品林的有害生物防治跟不上，势必会影响生态公益林的有害生物防治效果。

三、加强林业有害生物防治服务的对策和建议

长周期性是林木培育的重要特征。林木有害生物得不到有

效防治，将会使林农多年辛辛苦苦的经营成果毁于一旦。因此，必须高度重视集体林改后林业有害生物防治中出现的新问题，全面贯彻落实国务院办公厅《关于进一步加强林业有害生物防治工作的意见》，尽快完善集体林区有害生物防治的基层服务体系，为推进集体林健康发展、建设生态林业民生林业保驾护航。为此，提出如下对策和建议：

（一）强化以县级森防站为核心与纽带的基层技术服务

在一个县乃至一个地区，其主栽树种的常发性重要有害生物不会太多，可印制散发图文并茂的有关当地常发性有害生物识别和防治技术手册，并建立手机专家信息库，以便林农及时便捷地获得有关技术。

（二）加强基层林业有害生物防治专业技术队伍建设

首先，要注重和加强县级有害生物防治技术人员的培训，切实做到既会“把脉诊病”、又会“开药方”，既能把得准、又能见实效；其次，要逐步建立林业有害生物防治从业人员的资格准入制度，不断提高从业人员的专业素质和技术水平；第三，可参照相关专业大学生就业当“村官”的途径，探索建立乡村“树木医院”或“植物医院”、“树木医生”的机制。

（三）为基层林业有害生物防治提供有力的科技支撑

在林业科研单位和大专院校建立科技推广职称系列，以便使一部分专家能专心投入科技成果的转化、推广和示范，使上下有接点、有桥梁。同时，要求科研人员更加注重技术的实效性和实用性，即科研成果在理论上能“顶天”，在应用上可“立地”。

（四）建立重大检疫性病虫疫源清除林木的补偿机制

一旦发现重大检疫性病虫的入侵，应由政府林业主管部门统一防控、清除疫源林木，并参照农业上禽流感疫源病鸡捕杀补偿的做法，给予林农适当经济补偿。同时，要将林木有害生物防控纳入森林灾害保险体系中，切实解决林农的后顾之忧。

（五）建立和完善各类林农自我服务组织

有关部门尽快实施专项调研课题，总结和完善林农自我服务的途径和方式，大力推广“三防协会”等成功经验，形成一套行之有效的机制，建立以行政村为单位的各类林农自我服务组织体系，保护林农利益，协调各方面关系，统一有害生物防治的步调。

中国林学会森林昆虫分会

突破林业生态建设瓶颈
灌木的作用不可忽视

——关于充分发挥灌木在我国旱区造林中重要作用的建议

当前，我国林业生态建设已经进入了攻坚克难的建设瓶颈期。立地条件较好的宜林地越来越少，造林绿化的难度越来越大。第八次森林资源清查结果显示，在全国现有近6亿亩宜林地中，立地条件较好的宜林地仅占10%，且2/3分布在干旱、半干旱地区。因此，如何加快旱区造林绿化步伐，已成为我国林业生态建设的难点和重点。我们认为，突破林业生态建设的瓶颈，必须充分发挥灌木资源在旱区造林中的重要作用。

一、发展旱区灌木资源的重要意义

发展旱区灌木资源，生态意义重大。灌木林是森林资源的重要组成部分，与阔叶林、针叶林、竹林共同构成了我国森林的四大林纲组。我国灌木种类丰富，全国有灌木6000余种，占木本植物的近3/4。在长期自然选择过程中，一些种属的灌木对恶劣环境条件具有突出的适应能力，无论在山区还是丘陵带，都有适宜灌木而不适宜乔木树种生长的广阔地段。据中国气象局干燥度气候区划，我国旱区面积高达423万平方公里，占国土面积的45%。干旱地区土地瘠薄、干旱缺水的自然条件在很大程度上制约了乔木林的发展，特别在我国西北地区防沙治沙、水土保持和一些特殊自然地理区域，灌木在这些区域具有独特的生长优势，灌木林是该地区重要的生态林，是造林绿化的重要树种。所以，充分发挥旱区灌木作用具有重要的生态意义。

发展旱区灌木资源，经济效益可观。在我国广袤的干旱地区，一些适生的灌木树种不仅具有重要的生态价值，同时也具有巨大的经济价值。如柠条、沙柳等灌木热值高，是良好的薪炭林树种，同时也是良好的饲料林树种；沙棘、榛子、文冠果等营养丰富，是良好的经济林树种；柠条含氮量、枯落叶量大，固氮能力强，能有效增加土壤肥力；沙棘、枸杞等是名贵的中药材和保健品。据估计，目前全国灌木资源开发的年产值达200亿元以上，根据规划，未来全国灌木资源开发的年产值将达500亿元以上。因此，加强旱区灌木资源发展和开发利用具有重要的经济意义。

二、旱区灌木资源发展现状及存在问题

目前，我国灌木林面积为2.92亿亩，平均每年营造灌木林

900万亩，约占全国造林总面积的20%，在西北地区这一比例可达到70%以上。造林过程中，除常规的抗旱造林措施外，还出现了多种提高树木抗旱性和成活率的新措施，如施用生长调节剂、抗旱保水剂以及接种菌根等。灌木树种的育苗技术也取得了显著进展，菌根化、组培技术、ABT生根粉技术、全光照喷雾扦插育苗技术、稀土育苗技术等，已经广泛应用于生产实践。在产业发展方面，灌木开发利用途经越来越广泛，以灌木资源为依托发展起来的饮料产业、药材产业、饲料产业等已经初具规模。

尽管如此，由于多年来对灌木的认识不足，关注不够，我国旱区灌木资源培育与开发利用仍然存在许多问题：

一是旱区灌木家底不清，难以进行有效保护与开发利用

我国旱区灌木种质资源丰富，其保护与开发利用工作虽然取得了一定的成绩，但由于起步晚、投入资金少等原因，至今尚未得到系统、全面的调查研究，因而造成资源家底还未摸清，种源优劣不明、体系不健全，一些典型灌木树种的种源区划体系尚属空白，与当前我国旱区生态建设的发展需求极不适应。

二是现有灌木林管护不力，破坏严重

由于管护政策不到位，管护方法、措施不明确，目前旱区灌木林管护多以封山禁牧为主，缺乏必要的抚育、补植、补种措施，林分质量较差。我国盖度达到20%以上的灌木林地仅占总灌木林面积的35%。许多灌木林区林牧矛盾、林柴矛盾突出，随意放牧、砍伐利用情况时有发生，现有灌木林破坏严重，甚至毁林开地。

三是旱区灌木造林方式粗放，科技含量低

采种育苗工作中“见种就采、见种就育”的问题严重，难以保证种苗质量。优良种质选育研究工作滞后，采种基地建设更是落后。据统计，目前国内已建成的旱区灌木良种基地不足10个，与广袤旱区的造林需求相差甚远。灌木造林中的科技含量相对于恶劣的环境显得严重不足，现有成果转化成本高，限制了其大面积推广。多数灌木林主栽树种的栽培技术不完整、不系统，旱区造林成活率低，保存率低。

四是旱区灌木林产业落后，资源利用率低

我国旱区灌木树种资源极为丰富，但开发利用极少，绝大部分处于自生自灭状态，相关产业技术设备落后，提取利用率低，灌木潜在的经济价值远未开发出来，如何将资源优势变为经济优势，尚有大量工作要做。

三、关于加强灌木资源培育与利用的建议

鉴于灌木林在我国旱区的造林绿化、生态安全及经济发展中的重要地位和作用，结合目前存在的突出问题，提出如下建议：

（一）尽快开展旱区灌木资源普查和典型树种地理变异调查评级，为灌木资源保护与科学有效的开发利用奠定基础

摸清灌木资源家底，是做好灌木资源培育、保护与开发利用工作的重要基础。建议国家财政部门安排旱区灌木资源普查专项经费，由全国绿化委员会牵头，组织开展全面的旱区灌木资源普查及典型灌木树种地理变异调查评价，调查全国旱区不

同灌木林的分布状况、数量、表型性状等，开展灌木林的登记、建档等工作，并在此基础上对不同地区、不同类型灌木林的立地情况进行详细划分，完成不同立地灌木种类及其种质资源编目，结合其生境和属性构建旱区灌木资源数据库与地理种源信息库等共享平台，为制定科学的灌木资源开发利用计划和采取有效的保护措施奠定基础。相关部门应抓紧研究制定普查规范，建立相应调查方法，组织人员，开展培训，为普查工作做好准备。

（二）尽早将灌木林的管护工作纳入森林资源管护政策，保护现有灌木林资源

在旱区，灌木林生态作用与乔木林同等重要，建议在投资、政策等方面争取与其他公益林一样对待，加强灌木林特别是灌木公益林管护，将其纳入森林生态效益补偿范围，享受相应生态效益补偿政策。在灌木林经营管理方面，争取将其纳入国家森林经营项目和森林抚育补贴范围，给予相应政策支持。要进一步明确各类灌木林的立地范围，落实划界定桩工作，明确不同类型灌木林（生态公益林、商品林）的管理办法及更新利用措施，制定相应管理标准。灌木枝条、果实等资源的经营、加工、运输应实行严格的许可证制度，严厉打击违规行为，使灌木林的发展有法可依，有章可循。

（三）加大灌木的研究力度，提高科技支撑能力

良种壮苗是加快灌木林建设速度，提高建设质量的重要保证。建议加强旱区优良灌木种质选育研究工作力度，加大优良种源采种基地建设，增加对种子园、母树林和采穗圃等建设的投资力度，在旱区灌木造林较多的地区，建立专门针对灌木的良种基地。另外，要进一步加强灌木林主栽树种的栽培技术研究，在种子处理、育苗技术、栽植技术、适地适树、乔灌配置、灌草结合、密度控制、更新利用等方面，均应根据不同树种、结合生态和经济效益，进行系统的研究和总结，提出系统、完整的栽培技术。此外，要加强灌木林与区域水资源承载力等基础性科学研究，加大旱区灌木造林技术、经营管理技术研究，进一步完善造林、抚育等技术规程，保障灌木林健康快速发展。

（四）制定落实扶持政策，加快灌木产业发展

我国灌木资源开发利用的潜力巨大，但目前灌木产业仍处于较低发展水平，产品技术含量低、产业链不完整、规模与效益较差，灌木林资源优势还远远没有转变为生态优势、经济优势。建议国家在灌木产业开发利用上给予相应政策支持，大力扶持以灌木为原料的龙头企业，将其纳入国家政策性贷款范围并给予适当贴息，在税收上给予优惠。同时，要处理好企业和农户的利益分配关系，通过公司＋农户＋基地的形式推动灌木林发展，实现资源增加、生态改善、企业增收、农民致富的多重目标。

中国林学会灌木分会

关于加大生物固氮科研及成果推广力度的建议

生物固氮问题在一定程度上关系到我国大农业的科学发展，但无论在科研还是推广方面都没有得到足够重视。在当前大力推进生态文明建设的新形势下，建立和完善生物固氮体系已经成为解决人口、粮食、能源和环境矛盾的重要技术措施。因此，建议进一步加大生物固氮科研及成果推广力度，走建设生态文明的科学之路。

一、生物固氮的重大意义

氮肥是作物需要的氮、磷、钾三大要素中最重要的元素之一，它对所有作物都有明显的增产效果。我国作为世界农业大国，也是世界上化肥第一生产大国。长期以来，我国农业生产过度依赖化肥和农药，单位面积化肥用量比发达国家制定的化肥使用标准上限高出一倍，而且由于经营粗放，化肥的利用率极低。我国国产化学氮肥的有效利用率仅为30%，其余的70%则白白流失。这些流失掉的氮肥一部分随着水土流失，流入江、河和湖泊之中或渗入地下水中，污染水源，直接影响人民的健康和生命安全；另一部分挥发至大气之中，污染空气，影响全球气候变化。

据测算，大气中氮素含量为390万亿吨，在全球耕地内生物固氮量理论上可达到4400万吨，约相当于全世界每年化肥生产总量。由于氮素化肥生产所伴随的能源耗费和日趋严重的环境污染问题，人们已经认识到农林业生产完全依赖化肥终非良策，因此，生物固氮研究越来越受到世界各国政府的重视。生物固氮能够通过微生物途径，把空气之中取之不尽用之不竭的游离态氮，转化为作物能吸收利用的氮化物，不仅提供了经济环保、数量最多的氮源，而且还能改善土壤结构、营养组成及地表微生境，直接影响碳氮磷循环、种子萌发、植株生长、植被演替、稠落物构成及其分解等，促进植被恢复，提高产品产量和质量，降低化肥用量和生产成本，减少水土流失和环境污染。生物固氮在自然界氮素循环和农林业生产中具有十分重要的作用，在当前全球面临能源、环境、粮食等危机的情况下，开展生物固氮作用的研究和应用，是解决这些问题，促进农林业可持续发展的重要途径。

二、我国生物固氮研究现状

关于生物固氮的科学研究已有120余年的历史，作为国际生物学计划和人与生物圈计划的重要内容之一，在东南亚、澳大利亚和新西兰、欧洲和北美的林业中开展了一系列的研究和应用。在美国等发达国家，生物固氮在农林业上的应用已经取得了显著成效。联合国粮农组织在非洲等地每两年举办一期培训班，重点推广豆科植物根瘤菌应用技术。

目前，国内的研究主要以根瘤为对象，取得了一些科研成果和专利技术：如收集了根瘤菌资源，建立了我国最大的数据库，修正和发展了国际上对根瘤菌的分类；发现了固氮基因，证实了克氏杆菌固氮基因操纵子的连锁性及正调控基因的调节机制和对氧、温度的敏感性；发现了苜蓿根瘤菌的碳利用基因和固氮生物氮代谢和碳代谢基因表达及其调节的偶联作用；化学合成了根瘤菌的结瘤因子；在固氮基因表达调节基础上，构建了固氮基因工程菌株，并在生产中得到应用；提出了化学模拟固氮酶的结构和功能等。

但总体来看，我国生物固氮的基础研究还比较薄弱，存在着科研经费不足、人才队伍老化、科研成果转化率低等问题。其主要原因是：生物固氮在我国知识普及不够，认识跟不上，生物固氮没有像化肥受到重视；微生物分离、纯化及一些科研成果中试、推广技术难度较大。但是，从长远来看，生态农业才是农业可持续发展的必由之路。这就需要从根本上转变观念，实现由化学农业向生态农业历史性转变。

三、进一步加强生物固氮研究与应用的几点建议

从整体部署上，建议建立农业、林业等相关部门相互协

调、分工合作的机制，组织开展专项调研，摸清生物固氮的整体研究现状，统一部署生物固氮科研及成果转化任务，整合已有研究成果和本行业科研技术力量，整体推进创新驱动发展。

在科研立项上，建议在国家自然科学基金、科技攻关、重大专项等科技计划的立项上，给予一定倾斜和扶持，加大科研投入力度。

在具体实施上，可以与土壤修复工程、建设美丽家园园林工程、解决林牧矛盾民生工程相结合，重点突破高效固氮微生物制剂、高蛋白饲料、珍贵固氮林木培育、扶持生态产业典型等领域。发挥中央和地方、国营和民营多方积极性，力求尽快见到经济效益和生态效益。

现阶段主要做好以下几方面工作：①扩大宣传，统一认识。现阶段首先加强生物固氮科学普及宣传，不仅让科学家关注该领域的研究，还要让生产者积极应用。可以组织一批科研成果及推广应用典型文章，作为生态文明建设宣传的内容；②培养人才，强化队伍。综合性大学和农林院校加强微生物、生物固氮专业人才的培养，以弥补一线科研人员短缺的问题；③加强中试，促进应用。对于一些已经成熟的成果，应进一步进行中试，进行菌剂批量生产，使微生物菌剂的研制、生产、保存、推广走产业化经营之路，不但可创国产大豆的优质高产低成本，还可解决现存农产品价格与国外转基因产品竞争力不足问题。

附件：提出《关于加大生物固氮科研及成果推广力度的建议》专家名单

（中国林学会《林业科学》编辑部原主任、研究员　郑槐明）

附　件

提出《关于加大生物固氮科研及成果推广力度的建议》专家名单

郑槐明　中国林学会《林业科学》编辑部原主任、研究员

贾慧君　中国林科院林业研究所研究员

卜宗式　中科院大连化学物理研究所副研究员

焦如珍　中国林科院林业研究所研究员

康丽华　中国林科院热带林业研究所研究员

培育新型林业经营主体势在必行

2008年6月中共中央、国务院发布了《关于全面推进集体林权制度改革的意见》，全面铺开了以林地承包经营制度为基础的新一轮集体林权制度改革，并将其列为深化农村改革的重要内容和建设社会主义新农村的重要措施。至2013年，全国除上海和西藏以外的29个省(自治区、直辖市)已确权面积27.05亿亩；全国累计发证面积达26.41亿亩，占已确权林地总面积的97.63%；发证户数9076.94万户，占涉及集体林权制度改革农户总数的60.53%。以“明晰产权、确权颁证”为重点的主体改革任务基本完成后，林改就进入到以“全面深化配套改革”为核心的“后林改时期”。

林改后，一家一户的分散经营，在林业生产经营过程中面临着防火难、病虫害防治难、科学技术难、对接市场难、农村劳动力减少等一系列问题。大力培育以林业合作社、家庭林场、专业大户、龙头企业、混合所有制林业组织等新型林业经营主体，加快构建新型林业经营体系，是应对林业兼业化、农村空心化、林农老龄化，解决谁来造林育林、怎样造好育好林问题的重要途径，也是践行习近平总书记提出的"四个全面"战略布局中的"全面建设小康社会"和"全面深化改革"的重要体现。

一、新型林业经营主体的现状及特征

新型林业经营体系已成为当前林业经济的研究热点和实践重点。新型林业经营体系是指以家庭承包经营为基础，林业专业大户、家庭林场、农民林业合作社、林业产业化龙头企业为骨干，其他组织形式为补充的经营体制及经营系统。新型林业经营主体是林业先进生产力的代表，是推进林业转型升级、林业增效、林农增收的主要力量，在发展现代林业中发挥着重要的作用。新型林业经营主体是相对于传统的小规模、自给半自给农户家庭经营，克服了以往家庭经营在规模经济、要素利用效率等方面的缺陷，具有经营规模较大、集约化经营、劳动生产率较高、市场化程度高等特征，在传递市场信息、普及生产技术、提供社会服务、组织引导林农按照市场需求进行生产和销售等方面发挥着重要作用，是组织和服务农民的重要组织形式。

从各地调研情况看，我国农村新型林业经营主体包括：①林业大户是在家庭经营基础上，通过土地使用权流转和生产要素的聚集，从事某种林产品专业化生产、加工和销售的一种新型林业生产经营主体；②家庭(私营或私有)林场是以农户家庭为基本组织单位，以家庭成员为主要劳动力，面向市场，以利润最大化为目标，从事适度规模化、集约化、标准化生产经营，并以林业收入为主要收入来源的一种新型林业生产经营主体；③农民林业专业合作组织是资源配置的一种有效组织方式，是市场组织的构成之一。林业合作组织主要包括林业专业合作社和林业专业协会两类。截止2013年底，全国已建立林业专业合作组织11.57万个，加入合作组织的农户1372.10万户，其中，林业专业合作社有4.71万个，入社农户756.46万户。④林业龙头企业，是以林产品加工或流通为主，通过各种利益联结机制与农户相联系，带动农户进入市场，使林产品生产、加工、销售有机结合、相互促进的新型林业生产经营主体。⑤林业混合所有制经营主体是随着林业产权的流动和重组，由国家所有制(如国有林业企业)、集体(合作)所有制、个体所有制、私营所有制和外资所有制经济成分相互融资、参股、兼并等而形成的。林业混合所有制经营的具体实践形式主要有“国有林场+村集体+农户”(国村合作林)“龙头企业+合作社+基地+农户”“龙头企业+联合社+合作社+农户”“合作社+基地+农户”“村委会+合作社+农户”“合作社+家庭农场+基地+农户”等。

二、新型林业经营主体培育发展中存在的问题

(一)新型林业经营主体的统计体系尚不完善

当前，有关新型林业经营主体的统计体系还不够完善，主

要体现在：新型林业经营主体的本底情况不够清晰，缺少有效的针对新型林业经营主体发展的统计监测，各省对新型林业经营主体的界定和认定标准不一，规范化管理工作有待加强。

（二）新型林业经营主体的经营管理水平有待提高

我们在调研中发现，新型林业经营主体的经营管理水平普遍不高，主要体现在：林业经营人才缺乏，经营主体的职业素养、经营管理技能有待提高；一些经营主体注册登记滞后，经营分散，经营管理粗放、管理不规范；面向新型林业经营主体的森林资产评估成本过高、程序繁琐、评估价值过低，评估体系有待优化；一些经营主体的产品营销渠道不畅，市场风险的防范和应对能力较弱。此外，还存在着林业劳动力资源供给不足，林业科技、法律、信息等服务供给不足等问题。

（三）林业经营受相关政策和基础设施条件制约

不少新型林业经营主体所面临的主要问题之一，就是林木的采伐指标难以获取。一些经营主体的林地被纳入生态公益林管护区后，经营权受到极大的限制，但又存在着缺乏补偿或补偿不足问题。一些经营主体反映还存在着林业补贴和扶持政策不到位等问题。另外，不少新型林业经营主体的经营基础设施薄弱，交通不便，缺乏较完备的森林防火林道和防火林带以及防火监控系统。

三、优化新型林业经营主体培育的主要对策

针对上述新型林业经营主体培育过程中存在的主要问题，结合我们在实地调研中所了解到的情况，提出如下政策建议。

（一）大力培育各类新型林业经营主体，促进林业规范经营

1. 出台相应的规范性文件

为更好地推动新型林业经营主体的发展，有必要进一步理顺新型林业经营主体的管理机制，建议由国家林业局农村林业改革发展司会同政策法规司组织起草《关于大力培育新型林业经营主体的意见》。为了进一步规范林业大户和家庭林场等新型林业经营主体的认定标准，建议国家林业局会同其他相关机构在调查研究和尊重地区差异的基础上出台《林业大户和家庭林场认定规范》，明确认定机构，分区确定认定标准和具体认定程序等。

2. 建立和完善新型林业经营主体的统计体系

鉴于目前中国林业统计年鉴缺少有关新型林业经营主体的相关统计，为了更好地监测新型林业经营主体的发展变化和反映林业建设成果，建议组织开展有关新型林业经营主体统计体系研究，明确相关统计指标和数据搜集统计途径，探索建立和完善有关新型林业经营主体的统计体系。可考虑在每年出版的《中国林业统计年鉴》中增加分省新型林业经营主体统计专栏作为附录，表单包括林业大户经营状况统计表、家庭林场经营状况统计表、林业专业合作社经营状况统计表和重点林业企业经营状况统计表，统计内容包括经营主体数量、经营林地面积规模、年度经营收入、吸纳的从业人员数量等。

3. 开展新型林业经营主体的普查和相关研究工作

组织开展全国性的新型林业经营主体普查，以便科学全面地反映新型林业经营主体发展状况，更好地破解新型林业经营主体的发展障碍，更有效地为新型林业经营主体提供有针对性

的发展服务。针对普查中所发现的问题，系统地开展相关研究工作，推动新型林业经营主体的持续发展。普查工作可通过农村林业改革发展司的行政组织体系来加以落实。

4. 切实保护好新型林业经营主体的合法权益

任何单位和部门不得以任何名义侵犯新型林业经营主体的合法权益，不得向其乱收费、乱摊派、乱罚款、乱集资等，不得侵犯新型林业经营主体的自主经营权，努力营造有利于新型林业经营主体发展的外部环境，及时解决新型林业经营主体建设和管理中的问题，维护新型林业经营主体经营者的合法权益，确保新型林业经营主体资产得到有效保护。此外，需要特别关注的是，在大力培育各类新型林业经营主体的过程中，一方面要保护好新型林业经营主体的利益，同时也要通过创新经营模式，建立利益联结机制，保护好小规模零散林农的利益。

（二）完善林业经营体系，促进林业健康经营

1. 加强林业职业人才培养和教育，推动林业经营主体职业化

支持有文化、懂技术、会经营的农村实用人才和农村青年致富带头人，通过流转林地等多种方式，扩大林业生产规模。支持高等院校、中等职业学校毕业生以及林业科技人员从事林业创业，鼓励大学毕业生到新型林业经营主体就职，支持外出务工农民、个体工商户、农村经纪人等返乡从事林业开发。发展林业职业教育和学历教育，深入实施“千万农民素质提升工程”、农村劳动力培训“阳光工程”，加强林业职业技能培训、林业创业培训和林业实用技术普及性培训，通过各种渠道开展各种形式的业务培训，培养一批能够适应市场经济发展需要，掌握合作组织基本理论和操作方法的新型林业经营管理人才，

不断提升林业经营管理水平和林业经营主体经营能力。

2. 激励经营主体登记注册

利用各种媒体广泛宣传规范管理的重要性，使投资者意识到登记注册能够带来的诸多好处和切实利益，建议工商主管部门出台针对新型林业经营主体登记注册的优惠政策，简化登记注册手续，减免相关费用，对民营企业的注册资金标准作适度降低或延长注册资金的缴足期限。

3. 完善森林资产评估机制

不断完善募资注册和经营流转过程中所涉及的森林资产评估机制，加强评估机构和评估队伍建设，规范和简化评估程序。对于森林资源在募资注册、经营流转过程中所涉及的森林资产评估资质问题，建议对500公顷以下、属县级审核审批的，由县林业主管部门指定县林业调查规划设计队组织实施，直接评估；对面积在500公顷以上、须上报省级部门审核审批的，则由具备资质的评估机构实施评估，以简化程序、减少费用、提高效率，提高投资者登记注册的积极性。

4. 加强林产品营销服务

支持骨干林业产业化龙头企业、有条件的农民林业专业合作社赴国外、境外参加国内外林产品博览会。组织开展林产品生产单位(基地)和经销、加工、消费单位对接活动，帮助林业经营主体及时销售、采购林产品，提高林产品流通效率。积极鼓励和引导新型林业经营主体通过“互联网+”模式开辟网络销售平台，扩大营销渠道。

此外，还有必要建立、创新和完善面向新型林业经营主体的其他相关经营体系，如建构便捷有效的生产要素流动体系、林业科技应用及推广体系、林业法律救济及信息服务体系等。

（三）制定和完善相关配套政策体系，保障林业持续经营

在林业经营实践中，尽量减少地方政府的干预，不断放宽采伐限额政策，建立基于森林经营方案的采伐管理体系，帮助经营者编制森林经营方案，实行采伐限额和采伐计划单列。完善生态公益林补偿政策，允许在天然林中合理开展的正常经营措施，因地制宜地对林业生产进行指导，对经营者自造林和原有天然林木实行分类管理。加大林业基础设施建设的扶持力度，将新型林业经营主体基础设施如林区道路、水电等建设列入地方经济和社会发展总体规划，对经营者的防火设施建设增加补贴，加大森林保险补贴力度，扩大补贴的覆盖面，简化森林保险理赔手续。

最后，还需要特别指出的是，当前我国在培育新型林业经营主体的过程中，仍有必要坚持以家庭为单位的农村基本经营制度。同时由于各地发展新型林业经营主体的基础和条件不一致，各级林业主管部门要统筹好新型林业经营主体与传统农户经营主体之间的关系，协调处理好效率与公平的关系，特别是有必要积极探索建立面向新型林业经营主体的精准管理服务制度，采取区别对待和分类指导的策略，科学合理地推进我国新型林业经营主体的持续发展。

（中国人民大学农业与农村发展学院　柯水发、孔祥智、崔海兴）

全面谋划林业养生休闲服务业发展
真正实现绿水青山就是金山银山

全面建成小康社会，推进美丽中国建设，归根结底是让人民享受到发展所带来的成果。随着社会发展和人们生活水平的普遍提高，以及人类生活方式的改变，养生休闲产品的总需求急剧增加。林业以其独特的资源优势成为提供养生休闲产品的主力。林业休闲服务业就是充分发掘利用自然景观、森林环境、民俗风情、休闲养生、林业种养殖、生物多样性等资源，形成依托森林、湿地、荒漠等多种林业自然资源为基础，利用所形成的生态景观，各类资源产品，形成以养生、疗养、游憩、保健、养老、娱乐为主要服务产品，集合林下种养殖及其产品加工，生物医药等现代制造业等多种产业形态融合交叉的多元化多层次综合产业体系。这不仅可以形成现代服务业的重要增长点，而且能够实现林区农民、林业职工等社会弱势群体增收，国家集中连片地区脱贫，全面提升人民群众生活水平和健康福祉，为建成美丽中国，实现中国梦奠定坚实基础和提供有力支撑。

林业具有发展现代养生休闲服务业的诸多先天优势。林业作为国家生态建设事业的主体，同时也是国民经济的基础性行业，具有林地总量充足，森林资源、湿地资源和荒漠资源丰富，林区环境优美，绿色无污染、非木质林产品质优量大等诸多发展养生休闲服务业的先天优势。虽然自转变林业发展方式，以生态建设为主以来，我国林业资源及生态功能日益凸显，为保障国家生态安全提供了根本性的支撑和屏障，但投入不足也日益显现。另外，在加快集体林权改革以来，特别是今年又全面启动了国有林场和国有林区改革以后，虽然国家加大了投入力度，但是如何将林业所管辖的森林、湿地等绿水青山转化为能够带来收益，提高人民福祉的金山银山，仍然面临利用方式有限，常规产业收益不高等问题。养生休闲服务业的巨大发展潜力将为我国林业生态建设，特别是林业生产方式转变，提升林业自身发展潜力提供重要的机遇。当前，我国林业养生休闲服务业已经在全国各地迅速发展。在浙江、四川、广东等诸多森林、湿地资源丰富地区已经开始了森林养生休闲服务业的发展规划和基地建设。浙江省出台了《关于加快森林休闲养生业发展的意见》，四川省在国有林场改革中明确提出发展森林康养产业。其他各省的森林城市，森林省份建设均提出打造各类生态休闲服务基地，提升森林对人民健康生活的贡献。

林业资源分布的广泛性是林业养生休闲服务业实现广覆盖的重要保障。我国林地面积 3.04 亿公顷，湿地面积 0.38 亿公顷(不包括港澳台)。特别是全国4857个国有林场，2747个森林公园，2729个自然保护区、900多个湿地公园，遍布31个省、自治区、直辖市的2000多个县(区)，分布极其广泛，这为养生休闲服务业发展的广覆盖提供了重要保障。

林区优越的生态环境条件是发展林业养生休闲服务业得天独厚的优势。林区负氧离子含量高，空气清新湿润，夏天温度适宜，加上山水相依，多层次的森林景观等成为发展养生休闲服务业的天然优势，为建设各类养生医疗服务机构，养老服务机构、生态基地提供了优越的生态环境条件。

林区丰富的劳动力资源是林业养生休闲服务业发展的重要基础。养生休闲服务业是劳动力密集型行业，据估计仅养老服务业就需要超过1千万劳动力。林区及其周边村镇的农村劳动力为养生休闲服务业提供了充足的劳动力，特别是有大量森林培育管理，园林绿化等方面的专业人员，为林区发展养生休闲服务业提供了坚实基础。同时通过发展林业养生休闲服务业也解决了林区及林业职工转岗就业问题。

丰富多样的天然绿色产品是林业养生休闲服务业稳定发展的重要支持。目前林区大力发展林下经济，这将为养生休闲服务业提供丰富多样的天然绿色产品，各类森林食品，中药材等必将为养生休闲服务业发展提供重要支持。同时，多样的野生动植物资源也是现代生物医药产业，营养保健产业发展的重要原料来源。南京金陵药业，湖北劲酒有限公司就是利用现代科技工艺利用生物资源形成现代养生产业的典型。

丰富的生态文化、森林文化资源是养生休闲业多元化多层次发展的重要支撑。中国自古讲究天人合一，人与自然亲近，形成了丰富的生态文化，森林文化。这些资源必将大力丰富养生休闲业的内容，提高养生休闲业的整体水平。

大力发展林业养生休闲服务业，必将带动我国林业的持续健康发展，促进国民经济产业转型，全面提升林业对国民经济和人民群众物质文化生活的贡献。为进一步促进林业养生休闲服务业发展，提出如下建议：

首先，积极引导林业养生休闲服务业在林区的布局。结合党中央、国务院加快发展现代服务业，养老服务业，国有林场改革方案，国有林区改革指导意见等系列政策文件，尽快制定森林养生休闲服务业发展的政策性文件。具体建议加强两方面建设：一是养生休闲服务的基础设施规划，利用分布全国的4800多个国有林场以及数千个家庭林场，加上自然保护区非核心区等区域的非林业用地建设养生休闲服务基础设施；二是利用现有林分，结合森林抚育改造，按照不同树种，不同自然条件，尽快形成风景林，负氧离子林等，形成一定规模养生林。这不仅能够有效保护森林资源，促进林业生态战略目标的实现，促进林业资源非消耗性利用产业的大发展，而且切实实现生态产品的有偿使用，构建林业的造血机能。三是布局要注重安全性，舒适性与自然性，特色性的有效平衡。在交通、通讯、餐饮、住宿、娱乐、购物等方面既要突出安全性、可达性、舒适性和便捷性，在布局的时候要考虑到距离城市的远近，提供一些大众化的基本休闲服务，同时也要考虑到自然性，特色性，结合自然条件，中国传统养生文化，地方乡土文化习俗等，提供原生态特色性休闲服务产品。强调安全，舒适，便捷是有利于更多的人能够享受到林业休闲服务，同时注重原生态，减少人工景观，保持自然性，有利于更好的满足多层次的生态文化，养生文化的精神需求，提供多样性的休闲养生服务产品，满足社会各阶层的需求。另外，注重特色性，就是不要千篇一律，各地要根据自身特点，着力挖掘特色性，注重一场一景，一地一形式，充分利用自身优势，服务对象特点、市场需求及发展趋势，提供特色性林业休闲服务。

二是增加林业养生休闲服务业的互动性。综合国内外休闲服务业的经验和具体做法，将林业休闲服务业与自然教育，林业宣传等充分结合起来，在林业休闲服务业发展中增加知识性、趣味性和科普性的内容，尤其要针对性地宣传森林浴与养生保健方面的知识，丰富森林野趣、生态体验和文化修炼。同时，利用林业休闲服务业的基地、场馆，承担起青少年的自然教育，科普教育，生态文明教育等基本教育任务，为培养青少年从小热爱自然，亲近自然，认识自然的健全人格提供基础，也为林业休闲服务业发展培养消费群体。

三是多产业融合协调推进林业养生休闲服务业健康有序发展。在森林养生产业发展规划，政策设计中要充分考虑上下游产业的衔接，形成林业养生休闲服务为主的多元产业体系。即发展养生休闲服务业的同时，利用林下资源发展绿色种养业提供养生产品原料，发展养生产品加工制造业提供具体产品，同时加强在林区开展医疗卫生，生物制药等产业为养生休闲产业服务。

四是林业养生休闲服务业发展布局与林区社会经济发展规划有效结合。林业养生休闲服务业的基础设施建设要与林区交通、水利、电力、通讯等基础设施完善与发展结合起来。这样既能有效解决林区社会经济发展问题，又能形成新的经济增长点，解决林区富余劳动力的就业，拓宽林农增收渠道，切实改善林区民生问题。

五是加强林业养生休闲服务业及其关联产业的基地建设。为了形成有效产业链，推进林业养生休闲服务业的高层次、高起点发展，建议在全国选择优先发展地区，建立养生休闲服务基地，养生产品生产加工基地，生态文化与森林文化基地等。通过基地化试点建设，提高林业养生休闲服务业的层次，避免出现鱼龙混杂，低水平重复建设。充分利用市场配置资源的方式，引导通过试点——推广——普及这一运行机制，促进林业养生休闲服务业的蓬勃发展，形成林区经济的支柱性产业。

六是加强多元化政策扶持。为促进林业养生休闲服务业健康有序发展，走出一条政策激励、市场导向、多元投入、各方多赢的发展道路。各地应当结合国家整体发展战略及各地自身特点，制定多元化政策扶持体系。具体包括林业休闲服务标准体系，投融资政策体系，税费扶持政策体系以及基础设施建设扶持政策体系。同时加强林业休闲服务业发展战略，政策设计方面的长期跟踪研究。及时总结各地经验，发现问题，提出针对性政策，促进林业养生休闲服务业的发展。

总之，加快林业养生休闲服务业发展，为林业提供了重要的发展机遇；林业的丰富资源和广阔天地也为养生休闲服务业的快速发展提供了广泛的支撑。结合我国林业发展方向，紧抓林业养生服务业发展机遇，统筹资源与政策，构建林业发展养生休闲服务业的战略布局，必将带动林业的大发展，成为国民经济发展的新增长点，最终提高人民群众的健康福祉，全面实现林区小康社会。

（北京林业大学经济管理学院　陈建成、陈文汇、贺超、程宝栋）

优化布局　科学经营
推动桉树产业可持续发展

桉树是我国主要速生丰产树种之一。从 20 世纪 90 年代开始，我国桉树种植进入了快速发展时期，为缓解木材供需矛盾，特别是推动木材加工和林浆纸一体化产业发展作出了重要贡献。但是，随着桉树的大规模种植，由桉树所引发的生态问题也引起了广泛关注，社会上对桉树的评价褒贬不一，有些地方开始限制桉树发展，有的地方甚至采取了禁止种植桉树的极端措施。在当前我国全面保护天然林、加强木材战略储备基地建设的背景之下，究竟如何科学评价桉树？桉树对生态环境到底有什么样的影响？桉树要不要发展、如何科学发展？这些问题不仅关系到桉树的未来发展，而且直接关系到我国的木材安全保障。为此，中国林学会组织专家开展了关于桉树科学发展问题专题调研。

一、我国桉树产业发展现状与贡献

桉树为桃金娘科桉属(*Eucalyptus*)等3个属树种的总称，原产澳大利亚及其北边几个国家，共有945种(含亚种或变种)。我国引种桉树始于1890年，目前生产上广泛栽培的桉树都是经过改良后的杂交种。20世纪90年代起，我国开始大规模种植桉树，特别是在广东、广西、福建、海南等省份，呈现出迅猛发展态势。经过近20多年的快速发展，目前我国的桉树人工林面积达到了450万公顷，年产木材3000万立方米。广西是全国桉树种植面积最大的省份，桉树人工林面积200万公顷。2013年广西木材产量2480万立方米，其中桉树木材产量1700万立方米，占70%。

通过本次调研我们认识到，桉树是保障木材供给和改善生态环境的功臣，其作用是其他树种所无法替代的。

(一)提供了大量木材，缓减了木材供需矛盾

我国木材的年消耗量近5亿立方米，国内除生产木材2亿多立方米以外，其余要靠国外进口，木材对国外依存度接近50%。而且，木材需求仍以每年10%的速度增加，木材供需矛盾非常突出。我国桉树人工林面积只占全国森林面积的2.2%，却提供了占全国木材产量12.5%的木材；广西的桉树以占全区14%的林地面积，生产出全区70%的木材。自2014年4月起，东北国有林区相继停止了商业性采伐，今后还要将所有的天然林全部保护起来，我国木材生产的重心将历史性地转移到速生丰产林快速发展的华南地区，桉树作为先锋性、速生性和多用途树种，其地位和作用在未来 10 年甚至更长时间内都不可替代。

（二）增加了森林面积，改善了生态环境

20 世纪 80 年代，广东省的荒山荒地超过全省山地总面积 1/3，水土流失十分严重。1985 年，省委作出“五年消灭荒山，十年绿化广东”的重大决策。到 1993 年底，“十年绿化广东”的宏伟目标提前两年基本实现。而桉树就是这场运动中的造林先锋树种。广西近十年多年来新增桉树林面积 2000 多万亩，大量无林的荒山荒地得到绿化，2013 年森林覆盖率达 61.8%，比 2000 年 41.3% 提高了 20.5 个百分点。可以说，没有桉树的快速发展，广东和广西都不可能在如此短的时间内实现全面绿化。

（三）壮大了林业产业，促进了区域经济发展

目前，桉树产业已经形成了包括种苗繁育、专用肥料、资源培育、林下种养、采伐运输、木材加工、制浆造纸等在内的完整的产业体系，2013 年总产值超过 3000 亿元，成为我国林业产业的重要部分。广西桉树产业发展是中国桉树产业发展的一个典型缩影。随着桉树产业的快速发展，推动了广西工业化、城镇化和县域经济、循环经济、生态经济的发展，出现了一大批桉树产业大市、大县，全区林业产业总产值前 10 名的县，基本都是桉树产业大县。

（四）增加了就业机会，提高了农民收入

全国每年都有近千万亩的桉树林地需要进行整地、种植、抚育、施肥、除草、采伐等，每年可以为当地农民提供数百万个就业机会。在桉树生产和加工行业，有苗圃上千家、专用肥

料厂上百家、旋切板机器3万多台、人造板企业3000多家，安排就业人员100多万人。在家门口就能就业，使百万农民工在家乡安居乐业，减少了多少空巢老人和留守儿童，使得社会更加安乐与和谐，维护了社会的稳定。

二、“桉树之争”的焦点问题及其产生的根源

随着桉树种植规模和范围的不断扩大，经营周期的不断缩短和连栽代数的增加，桉树人工林的生态脆弱性进一步凸现，桉树发展过程中的社会问题进一步激化，以致在全社会引发了一场空前的争论。社会上“反桉”的主要论点包括：种植速生桉严重影响水土保持；桉树降低土地肥力；桉树严重破坏生态；桉树毒性强、毒效长等。桉树是“绿色沙漠”，桉树“林下不长草、林上无飞鸟”，桉树是“抽水机、抽肥机”等言论广为流传。

应该说，导致“桉树之争”的原因，既有技术性的问题，又有社会性的问题。其中技术性问题主要包括：一是在水资源缺乏的地区大规模连片种植桉树，导致水资源量下降，特别是在全球气候变化的背景下，降水的分配格局发生改变，影响人畜用水安全。二是机耕翻犁、全垦整地，短轮伐期经营，木材全树利用，改变了土壤的结构和质量，造成水土流失，土壤养分过快、过多的移除，导致地力下降，从而使施肥量一增再增，成本提高，比较效益降低。三是大量使用化学品（如化肥、除草剂、农药等），造成面源污染，危及生态环境安全。四是在生物多样性较丰富的地区，以炼山、全垦，大规模、长期施用除草剂、多代连栽方式经营桉树纯林，不但改变了景观的多样

性，造成植物多样性减少，也引起食物链的缺损和不同物种之间的生态关系的断裂，造成级联效应而引起生物多样性的次生灭绝，从而将产生一系列恶果。五是大规模单一无性系营造桉树纯林，生态系统的稳定性下降，抵抗力降低，病虫害暴发的风险加大。

社会性问题主要是由于桉树的无序发展，造成不同利益群体之间利益冲突加剧，矛盾激化。例如，广西的桉树 13 年间面积增长了 10 倍，在这个快速发展的过程中，其他树种如松树、杉木等的林地被桉树取代，甚至农作物甘蔗、橡胶等也被桉树所取代，挑起了行业之间的竞争矛盾，使桉树成为集中攻击的对象。在扶绥县，蔗糖业对该县财政贡献率达到 40%。2013 年，由于国内外糖价下跌，白糖售价只有 4600 元/吨，而该县糖厂的生产成本一般在 5000 元/吨左右，造成糖厂亏损，农民的甘蔗款一时难以兑现。到 2014 年初，一些农民开始对种植甘蔗能否盈利产生动摇，纷纷改种桉树，全县甘蔗改种桉树面积达到 15 万亩。在这种形势下，该县采取了一系列的极端手段来限制桉树的发展，包括出台《关于严格控制速生桉人工林种植发展的通告》，在交通干线设置不署名的 T 型广告“种植速生桉严重危害人饮安全”、“种植速生桉祸及子孙后代”等，行业之间的竞争到了白热化程度。全县共取缔桉树苗圃 20 多处、清除桉树林 1200 多亩。类似的例子在广西崇左市还有不少。

三、对桉树及桉树产业的总体评价

我们认为，“桉树现象”折射出了诸多方面的问题，根本的问题还是发展模式的问题，是能否可持续发展的问题。其实这是我国人工林经营和管理普遍存在的问题，只不过由于桉树有着无与伦比的速生性，这一问题表现得更加突出罢了。严格来讲，桉树林不算森林，是一种作物，在国外就是这样，种桉树就像种果树一样，仍然不算占用基本农田。桉树从种植到成材只需 5 ~ 7 年，单位面积所生产的木材产量是非速生树种的十几倍，因此，它所消耗的水、肥也相应地要多，这是客观规律，我们应当有一个正确的认识。

发展桉树，提高了国家的木材产量，维护了国家的木材安全，保护了国家的广大森林资源。广西桉树的快速发展，使得本区 8000 多万亩公益林，远离了商业性采伐的压力，使得 5000 多万亩松树、杉树用材林免遭过度采伐，这是大家公认的。如果没有南方桉树的这些贡献，理论上来讲，我国东北林区也许早已名存实亡。因为，1 公顷桉树林的立木生长量，大致相当于北方的 10 公顷普通森林，或大致相当于 100 公顷大兴安岭的天然林。

同时，和其他树种一样，桉树同样具有涵养水源、固碳释氧、净化环境等生态功能，特别是固碳功能和释氧功能在 12 个主要树种中均居第二位；涵养水源功能居第六位；固土功能居第七位，高于杉木和松类。按一般森林每生长 1 立方米木材吸收 1.88 吨二氧化碳、释放 1.62 吨氧气计算，全国桉树每年可吸存 1.6 亿吨碳，释放 1.4 亿吨氧气，成为提高生态承载量的重要力量。

通过本次调研我们认识到，桉树是优良的速生丰产树种，具有良好的经济、社会和生态效益；桉树产业发展，是成就和贡献，而不是错误和灾难；桉树产业发展，是未来绿色发展模式的探索和萌芽；桉树产业发展，是农民的自发行为和市场经济的结果；桉树产业链上的每一个环节，都能提供就业机会，是农民的福音；通过种植桉树，国营林场摆脱了贫困，富裕了职工；桉树产业推动了对外开放，拓展了林业融资；发展桉树，增加了森林碳汇，提高了生态容量；我国还蕴藏着更大的桉树产业的发展潜力，必须抓住机遇，科学发展。

四、关于推进桉树科学发展的几点建议

综上所述，桉树发展中出现的种种问题，并非桉树本身之过，而是人的问题。只要合理规划、科学经营，完全可以克服目前存在的各种问题，实现三大效益的协调统一，达到可持续发展的目标。

（一）编制发展规划，调整发展布局

目前，大面积种植桉树人工林土地利用缺少规划，部分甚至没有规划，在树种布局上没有考虑适地适树原则，这种长期的无序化生产造成巨大的人力、物力和财力浪费，局部地区导致生态环境破坏，影响地方社会经济和环境的可持协调续发展。我们建议，尽快编制桉树人工林科学种植土地利用规划，出台桉树人工林规范化种植法律法规，提出重点区划商品林区、水源林区、农用地、风景名胜区的土地利用方式。对于商品林区，应以桉树速生丰产林生产技术规程为指导，充分发挥桉树人工林的速生丰产优势，以木材生长量最大化为培育目标，定向培育木材资源，满足国家社会经济发展对木材的需

求。对于水源林区、农用地、风景名胜区等土地，应设立桉树人工林科学种植门槛，已种植桉树的土地，立即调整林分结构，严格限定采伐年限和禁止使用除草剂等有毒化学药品；未种植桉树的土地，禁止将来采用桉树高密度纯林种植模式，应采用多树种混交种植模式，延长种植周期，限制使用化肥和除草剂，将混交林纳入公益林管理范畴进行管理，减少人为干扰强度，使混交林逐步进入近自然化发展道路。在科学规划桉树种植区土地利用方案、区划不同土地类型的桉树种植模式后，要充分考虑某些地区因限(禁)桉给土地所有者带来的经济损失，尤其是依靠水源区、农田种植桉树作为家庭主要经济来源的林农，应研究科学合理的经济补偿机制，既保障林农的经济收入，又保证该土地的合理利用。

(二)尊重经济规律，发挥市场作用

市场经济是一支强大的无形之手，能合理推动桉树的发展规模和分布。在这个过程中，大量其他树种以及其他作物的消失都是正常现象，政府不应过多干预。政府需要做的工作主要是，完善相应的规划，合理布局产业发展。调研中发现，不少基层政府机构，特别是县级机构政府，一不了解国家林业政策法规，为获取短期利益，出台一些地方“土政策”，千方百计限制桉树人工林以及加工业的发展；二不了解、不尊重市场经济规律，不遵循优胜劣汰的市场规则，在行业正常的竞争过程中，不从提高行业管理效率、质量等方面入手，提高市场竞争力，而是压制竞争者，保护落后生产力。桉树并非入侵性植物，不能自然繁殖和扩散，其习性决定了这个树种不可能取代所有树种而独立存在，经过几十年的发展，历经数个缓慢发展阶段再到快速发展，桉树在竞争中逐步发展和壮大。目前，桉树的发展同样面临新的挑战，面积扩展受阻，增长乏力；因此，大批非林业专业公司已经纷纷退出，将林地转手给专业公司经营，桉树开始了从注重面积扩张转为注重质量提高的历史性转变，走向质量管理的崭新发展过程，这是尊重市场经济规律的正确选择。

（三）转变经营模式，调整林分结构

人工林的稳定性和可持续性一直是困扰其发展的全球性问题。工业原料林要求林木个体分化小，提倡无性化林业，无性系单一化，且大面积集中连片种植，过分强调比较优势，经营成本，经济效益和利益最大化，忽视了单一林分生态系统的脆弱性。因此，转变当前大面积单一桉树人工林种植模式，创新与研究桉树人工林种植新模式成为促进桉树可持续发展的新动力。桉树人工林种植新模式关键在于转变经营方式，调整林分结构。在适地适树原则指导下，依据桉树短周期人工林培育技术规程和桉树中大径材培育技术规程，将短周期的桉树与长周期的树种相结合，实现“长短结合、以短养长”的林业经济目标，既保证了短期的经济效益，也保护了生态环境。建议编制桉树人工混交林建设技术规程，在不同的气候条件和立地条件下，选择不同的桉树品系进行多种方式混交种植，具体混交模式可采用行状混交、块状镶嵌混交和团丛状混交，种植时间可分为同龄混交和异龄混交。如在桂北等较冷桉树种植地区，可采用桉－杉块混交；在桂中桉树种植区，可采取桉－松混交或桉－乡土阔叶树种混交；在桂南桉树种植区，可采用桉－珍贵树种混交或桉－乡土树种混交等混交模式。在种植过程中，根据不同树种生物学特性确定种植的时间先后顺序、配置模式、人工修枝、开林窗等抚育措施等实施管理，最终形成林分结构稳定、生物多样性丰富的复层桉树人工林。此外，开展林下经济作物种植而调整林分结构，如林－药、林－草等发展林下经济种植模式，既能使生态系统稳定性增强，又能提高经济效益，达到双赢局面。

（四）完善技术标准，强化经营管理

华南是桉树人工林种植的主要地区，该地区热量丰富，雨量充沛，雨热同期，暴雨集中。桉树种植区土壤多为黄红壤，土壤有机质、全 N、全 P 多属中度和严重贫瘠，全 K 为轻度和中度贫瘠，速效 P 为严重贫瘠，速效 K 为中度贫瘠，土壤物理性质差，抗冲抗蚀能力差。既要保持林木生长量，又要保持土壤肥力，科学管理尤为重要。建议在桉树人工用材林管理规范规程和桉树速丰林施肥技术规程指导下，充分考虑物质循环和营养元素配比，适当适量施用基肥和追肥，同时配合施用有机肥和微量元素，保持土壤肥力，保证桉树快速生长所需养分。采伐时，不宜全树利用，应该归还剩余物，减少养分损失。整地不宜炼山，全面清理，应采用人工扩坎方式，以减少对生物多样性的破坏。幼林杂草清除，宜人工除杂和除草剂结合使用，待杂草不影响林木生长后，保留林下杂灌。更好的方法是林下种植绿肥等固氮植物或接种菌根菌，既能减少水土流失，又能保持土壤养分，且能促进林木对养分的吸收利用。

（五）加强生态监测，扩大正面宣传

目前，是否扩大桉树种植规模和桉树是否带来严重的生态问题仍处于争议高潮。然而，正是缺乏大量的科学研究数据和已有研究结论存在很大的不确定性，无法回答和解决社会提出的桉树经营生态问题，阻碍桉树人工林的发展。林木生长周期相对较长，生态功能研究需要长期定位监测。因此，要充分掌握桉树人工林生态系统服务功能，须加强对桉树人工林生态系统的长期定位监测，以丰富的、连续的、科学的数据，系统深入分析与研究桉树生长与环境间的互作关系，以此为桉树人工林与环境的可持续协调发展提供理论依据，保障国家木材安全。过去，我们对桉树发展的成就、桉树的优良特性、桉树对经济发展与生态建设产生的重大作用宣传力度不够，往往总是在有关桉树有害有毒等谬论甚嚣尘上之后，才有一些林业工作者忍无可忍出来反击，但是这种声音过于弱小，起不到拨乱反正的作用。对桉树的科普宣传也远远不够，有关桉树的科普文章少之又少，宣传形式陈旧单调，以至于现在很多人对桉树还是一知半解，甚至完全不了解，也才会以讹传讹，随意断言桉树破坏生态环境，“把孩子同脏水一起泼掉”。因此，要加大力度对桉树作正面宣传，使大众公正、客观地认识桉树，既要清晰的知道桉树对广西经济和林农收入重要性，对国家木材安全的重大意义，又要知道桉树的不足，而这种不足是可以通过科技创新得到改善。

总之，只要我们科学规划，适地适树，密度合理，科学整地、施肥和抚育，按照可持续经营规律来发展桉树，就可以在创造经济效益的同时保护好生态环境，最终造福人类社会！

（中国林学会桉树科学发展问题调研组）

“十三五”规划与绿色发展

编者按：此文是清华大学国情研究院胡鞍钢教授在中国林学会举办的“2015’现代林业发展高层论坛”上所做的报告，该报告对绿色发展的方向及林业“十三五”规划提出了很多建设性的意见，具有重要的参考价值。

首先，对“十二五”做一个基本评价：“十二五”规划第六篇专门论述“绿色发展建设资源节约型、环境友好型社会”，我们称这是中国第一个绿色发展规划。

在经济社会发展指标方面来看，与以往规划相比，更加凸显了绿色发展核心理念，绿色发展指标（指资源环境指标）是最多的。在“国家“十二五”规划纲要”中所提出的经济社会发展主要指标，共计四大类（经济发展、科技教育、资源环境、人民生活），24 个指标，但是实有指标有 29 个。如果按 24 个，绿色发展指标占了三分之一，如果按29个，绿色发展指标占了48%。

通过五年规划的对比：我们可以看出国家发展理念的变化。从“六五”计划看，当时(1981年)60%以上的指标是经济指标，而且都是计划指令性的。但是到了“十二五”规划，经济指标比例降至12.5%，而且全部都是预期性的。所以我们今天这个五年规划，既不同于1953年时我们学习模仿的苏联五年计划，也不同于1981年时制定的五年计划。其实它已经是一个我们称之为政府和市场“两只手”都在发挥重要作用的五年规划。

我们最近采用“目标实施一致性评估方法”做了更专业的一个总评价：建设资源节约型、环境友好型社会取得重大进展，开启生态文明建设新局面。

我们对“十二五”规划实施四年后的评估得分是93.1分，进展滞后的指标只有2个(非化石能源占能源消费比重、基本保障房建成数)，占6.9%。其中，基本保障房开工数大大超过原定计划，但是建成数并没有达到目标。

如果考虑到2015年实施的情况，我们认为是完全可以实现的“十二五”规划的主要目标。显然，“十二五”规划的得分明显高于“十一五”时期的87分，更明显高于“十五”时期的64分。从这个角度来看，什么是国家治理体系治理能力现代化，就可以看得很清楚。

需要指出的是，“十二五”时期资源环境方面的绿色指标基本完成，特别是森林蓄积量超额完成，为“十三五”规划奠定了一个好的基础。

“十三五”规划提出的中央建议，最大的创新点就是五大发展理念。下面我想就“十三五”的绿色发展，谈几点看法供大家参考讨论：

《中共中央关于制定国民经济和社会发展第十三个五年规划的建议》指出：“十三五”时期是全面建成小康社会的决胜阶段。我们将“决胜阶段”界定为全面建成小康社会的“全面决战期”、“全面决胜期”、“全面建成期”。全面决战要针对短板，发动“三大战役”：第一大战役是向极端贫困宣战，到 2020 年消除国家贫困线人口；第二大战役是向污染宣战，使主要污染物排放量与经济增长、城市化进程彻底脱钩；第三大战役是创新战役，为中国长期中高速增长提供强大动力。

显然，“十三五”时期，绿色发展是一个主题，那么怎么样从宏观经济来体现它的发展模式转变呢？我们明确提出了“两降低三提高”。

“两个降低”：一是降低资源能源消耗强度，为达到消耗总量峰值做准备；二是降低主要污染物排放量，实际在“十二五”已经开始脱钩，我们希望“十三五”时期能明显脱钩。

“三个提高”：一是提高全要素生产率（TFP），就是说经济增长主要靠结构调整和技术进步来实现。到2020 年服务业增加值占 GDP 比重提高 4～5 个百分点（达到 55% 左右），服务业就业比重提高 4～5 个百分点（达到 45% 左右），服务业进出口贸易额超过 1 万亿美元；二是提高劳动生产率，核心还是提高农业劳动生产率。当前确实面临农业劳动力绝对数明显下降的情况，去年农业劳动力比重已经下降至 29. 5%，提前六年实现了在 2002 年党的十六大报告提出农业劳动力的比例到 2020 年到达 30% 左右的目标。减少农业劳动力可以为提高农业劳动生产率创造条件；三是资源生产率水平提高。

由此看来，"十三五"规划设计就是绿色发展，不仅要发展而且要绿色发展，所以在一定意义上超越了可持续发展。绿色发展是"前人种树、后人乘凉"，而可持续发展主要是不对后代人造成灾难。所谓"种树"，就生态而言，就是对生态资本的投资。"十二五"时期，环保系统的投资大约是3万亿元，远远超过"十一五"时期；"十三五"时期向污染宣战将成为重中之重，估计"十三五"时期的投资会高达10万亿元，我们称之为环保新兴产业。

"十三五"规划，是继"十二五"规划后的第二部绿色发展规划。中央建议明确要求绿色的生产方式和生活方式。从目标实现的角度来看，第一，"生态环境质量总体改善"，这在历次的五年规划都是首次提出的，原来主要的目标是遏制生态环境继续恶化的趋势。包括对能源消费总量的控制，核心是对煤炭消费总量的控制，好消息是，去年的全国煤炭消费是负增长，今年上半年又是负增长；第二，"对用水资源总量控制"。从现在的用水资源来看，工业用水已经到达高峰，开始出现下降，我们希望能够在2020年前后，农业总用水量到达高峰而后下降。这就出现农业总量包括粮食产量的绝对数还在上升，但是它开始和农业用水总量脱钩，将来可以把更多的水用于生态用水；第三，"对建设用地总量的控制"。"十一五"规划提出了耕地面积的总量控制，而后根本改变了耕地总量持续下降的趋势，形成了一个平台。当前提出了建设用地的总量控制，这又是一大突破；第四，"碳排放总量得到有效控制"。2012年后，中国经济进入了中高速增长阶段，不仅碳排放总量增长率下降，而且增长弹性也在下降，因而进入碳排放低速增长阶段。去年全国的碳排放增长率已经从前两年的2.7%下降至0.9%，今年肯定是负增长，我们估计，可以提前到2025年前后达到碳排放高峰。今后一段时期，如果中国能够实现经济发展方式的转型，尽管经济增长率维持在7%左右，但是会对全球碳排放及气候变化做出重要的积极的贡献；第五，“主要污染物排放总量大幅减少”，我定义的大幅是至少要达到10%。通过产业结构调整，包括淘汰落后产能，我们希望能到达这一点。

此外，五年规划与林业系统相关的，我想主要有两个方面：第一是主体功能区布局基本形成，第二是生态安全屏障基本形成。具体来讲：首先，从“十一五”规划提出了主体功能区，“十二五”规划又进一步强化，规划提出了“两横三纵”为主体的城镇化战略格局，中央建议又明确提出了绿色城市、智能城市、森林城市，这是和城镇化战略格局相关的，不需要过多争论，各地方重在落实；其次，农业部门很早就提出非常专业化的农业战略格局，也就是“七区二十三带”，但是很可惜，在林业系统，没有在国家战略中明确提出林业战略空间格局，这就需要尽快提出这一设想；第三，“两屏三带”为主体的生态安全战略，实际上也是空间布局。林业具有这方面的优势，怎么去更专业化的设计和实施非常重要。

从林业“十三五”专项规划研究角度，我有两个建议：一是开展关于生态服务功能和生态价值的研究。中央建议提出：全面提升森林、河湖、湿地、草原、海洋等自然生态系统稳定性和生态服务功能。也提到加强资源环境国情和生态价值观教育，培养公民环境意识，推动全社会形成绿色消费自觉性。因此研究生态服务功能和生态价值就很有现实意义。我们可以用数据来说话，什么是中国的生态贡献，我首肯林业在生态建设方面已经走到了全国的前列，还需要再做新的研究。二是研究什么是中国林业现代化道路。我曾研究过中国农业现代化道路，这次中央建议首次明确提出，“要走产出高效、产品安全、资源节约、环境友好的农业现代化道路”。但是很可惜，林业系统到目前为止知识谈到了现代林业，还没有把它上升为一个道路，即中国林业现代化道路。要深入系统研究到底什么是中国特色的林业现代化道路？从 1949 年走过来，到 1978 年，又到了今天，再到 2020 年，甚至 2020 年后，要做一个经典的描述，林业现代化的道路是怎么样的道路？这些研究可能会使我们更清楚林业的绿色发展轨迹。

此外，在制定国家“十三五”规划主要指标设计中，我作为专家委员会的成员也希望看到，湿地指标能够进入到核心指标，目前是森林覆盖率和森林蓄积量二个指标。当然国家规划的主要指标不会超过 25 个，实有指标不会超过 30 个，我希望林业系统的同志们也要研究一下，哪个指标更重要？从国家的视角、从全局发展的视角，主动与国家发改委多沟通，从专业角度代表国家提出林业增长目标，以进一步分解落实完成，为绿色发展做出贡献！

（清华大学国情研究院院长　胡鞍钢）

加快税费改革步伐　促进我国南方速生丰产林建设可持续发展

林业是国民经济的重要组成部分，是基础性产业和社会公益事业，同时也是传统而弱势的行业，林业的发展有赖于国家政策扶持和宏观保护。

随着社会的繁荣进步，生态建设已成为我国的基本国策，可持续发展已成为基本发展战略。要实现这一既定目标，真正做到全面停止天然林采伐，大力发展人工林，特别是要大力发展我国南方速生丰产工业原料林，大幅度提高林地生产力，才能满足经济社会发展对林产品的需求，缓解天然林木材生产压力，才能确保我国生态建设的顺利推进。当前，我国速生丰产林建设工程虽有长足进展，但也面临着诸多困境：以育林基金为代表的林业税费高且不合理，使得社会资本投资林业的意愿不高，不利于速生丰产林建设工程的可持续发展。因此，加快林业税费改革步伐，停止征收育林基金，已经成为当前深化林业改革和修改《森林法》的重要内容。

一、停止征收育林基金是深化林业改革的内在要求

育林基金依照我国《森林法》的相关规定进行征收，用于森林培育，从理论上看合情合法，并无不妥；但在林业生产实践中却严重偏离立法初衷，成为当前我国人工林可持续发展的制约因素。

第一，育林基金是计划经济时代的产物。育林基金制度始于建国初期。长期以来，为了培育和发展森林资源，在财政极为困难的条件下，国家提出了以林养林的政策，对恢复我国森林植被，改善生态环境起到了重要作用。但是，随着改革开放以来市场经济的发展，公共财政支出框架的建立，国家对林业的投入已经发生了根本性的转变。特别是2003 年中共中央、国务院出台《关于加快林业发展的决定》之后，全社会投资林业的热情高涨，大量非国有资本投入林业建设领域，过去国家单一投入的局面被全社会多方投入所打破，逐渐形成了市场化、现代化的林业建设新格局。征收育林基金的基础条件已不复存在，育林基金制度已经不适应现代林业发展的需要。

第二，育林基金成为人工林经营中最大的非生产成本。由于我国林业税费大多沿袭了计划经济时代的税费体制，结果导致税费水平居高不下，一些地方林业税费多达 20 多项。对广西林业系统人工林采伐征收各种税费的调查显示：征收的设计费、育林基金、检尺费、检疫费、出市费等，占到销售毛利润的 75% 以上；其中育林基金占比最大，平均为 36.6%，成为人

工林经营者沉重的经济负担。由于经营人工林收益低、周期长、风险大，人工林经营者的经济承受力较差，致使人工林建设开始步入下坡道，部分民间资本开始撤出林业投资领域。

第三，育林基金的作用被严重扭曲。育林基金是专项用于森林资源培育、保护和管理的资金，按照中央和国务院的要求，要“改革育林基金征收、管理和使用办法，征收的育林基金要全部返还给林业生产经营者，基层林业单位因此出现的经费缺口由财政解决”。但由于种种原因，育林基金被挤占挪用的现象普遍存在。一些地方部门将育林基金用于行政开支，致使育林基金变成了养人基金。育林基金属于预算外资金，因对其缺乏有效监管，使用效果差，无法维持林业的简单再生产，更谈不上扩大再生产，达不到以林养林的目的。另外，因征收育林基金有法律依据，带有一定的强制性，成为一些地方部门“搭便车”进行乱收费的口实，其作用被严重扭曲。

二、停止征收育林基金是现代林业和社会进步的表现

时代在前进，社会在进步。应按照社会主义市场经济规律，在遵循统一税法、公平税赋、简化税制、理顺分配关系、保证财政收入的前提下，从促进社会可持续发展的高度出发，加快现代林业的进程，满足经济与社会可持续发展对林业生态效益、社会效益和经济效益的多种需求。

第一，借鉴发达国家林业经济政策经验，推动我国现代林业建设。发达的林业是国家富裕、社会文明的重要标志。世界各国对林业均实行宏观保护政策。1992 年联合国环境与发展大

会之后，各国对森林保护更加重视。美国有商品林、公益林的分类经营法规。1992 又通过了天然林禁伐令，并严禁国有林、公有林原木出口；对国有林、公有林给予亏损补贴。对营造林予以扶持，每年更新造林基金支出 19 亿美元，是同期林业税 13 亿美元的 1.5 倍。德国号召回归自然，造林款由国家补贴（阔叶树 85%，针叶树 15%），免征林业产品税，只征 5% 的特产税（低于农业税 8%），国有林经营费用 40%～60% 由政府拨款。日本严禁采伐岛上森林，造林款政府补贴 50%（国家 40%，地方 10%）。我国是发展中国家，目前难与发达国家相比，但借鉴发达国家林业经济政策经验，学习发达国家的治理理念，对林业实行政策扶持和宏观保护是完全必要的。

第二，减免林业税费，惠农富农，增加林农经济收入。桉树是我国南方主要的人工林树种之一。据调查，在桉树人工林种植总面积中，国有林场占 7%，大于 10 万亩规模的林业企业占 15%，小于 10 万亩规模的造林大户、股份合作者和零散林农占 78%，由此可见，后者是人工林经营的主力军。近年来，国家为扶持农业发展，增加农民收入，相继出台了一系列优惠政策，如免征农业税、特产税，实行粮食补贴等，让广大农民得到了实实在在的利益。林业与农业本质相同，生产方式相近，人工林实质上是与农作物一样的林作物，林农应享受国家对农民相一致的优惠政策，而现今的民间造林税费和杂费却高达毛利润的 75%。继续征收育林基金等高额林业税费，显然与国家扶持农业、增加农民收入的大政方针相悖。

第三，营造公平竞争的市场环境，鼓励社会资本投资林业。社会是林业的大舞台，市场经济是林业发展的真正动力。

民间资本或其他资本投资林业应受到鼓励，应给予平等待遇。现行育林基金只对民间资本或其他资本投资的人工林征收，免除或降低国有林场的税费，显然有失市场公平原则，与国家鼓励全社会参与林业建设的政策背道而驰。受地方部门高额林业税费的影响，近年来民间资本开始撤出林业投资领域，仅广东就有十几家林业公司退出林业行业，涉及林地面积多达300万亩。这种困境如得不到及时破解，将有可能错失人工林可持续发展的历史契机。笔者建议全面停止征收育林基金，全面放开人工林投资市场，继续鼓励社会资本进入林业建设领域，减轻我国进口木材的压力，营造人工林可持续发展的新常态。

三、停止征收育林基金是促进林业治理体系和治理能力现代化的标志

林业治理体系主要体现为体制机制、法律法规等各种制度安排。经过几十年的实践探索，我国林业制度逐步建立，林业治理体系初步形成。但是，与建设生态文明和美丽中国的要求相比，林业治理体系还不适应当前形势，有些方面还制约着林业的发展。要按照国家治理体系和治理能力现代化的总要求，加快建立建全林业制度。特别是涉及生态改善、民生改善的典型突出问题，应作为当前重点治理工作的突破口。

第一，废除育林基金制度，有利于林业治理体系现代化。育林基金是人工林更新资金的重要来源。育林基金由投资者按规定计提上缴后，由有关部门统筹使用，无法全部返还投资者；而投资者采伐后更新所需资金却要自行筹措，必然大幅度增加营林成本，加重投资者经营风险。既然育林基金不能参与

人工林建设主体资金的内部循环，则应在修订《中华人民共和国森林法》中废除育林基金条款，从根本上予以治理。《中华人民共和国森林法》修订 2013 年 10 月已列入十二届全国人大常委会立法规划一类项目和2015 年国务院立法计划。目前，浙江省和北京市已率先停止征收育林基金。全面停止征收育林基金的时机已经成熟，取消育林基金有利于林业治理体系现代化。

第二，废除育林基金制度，有利于林业治理能力的现代化。在许多地方，缴纳育林基金已经成为人工林经营者获得林木采伐行政许可和木材运输行政许可的先决条件和制约条件，并由此衍生出多种垄断性乱收费、乱作为的现象。我国林木税费征缴涉及国税、地税、工商、财政、林业、物价、乡镇政府、教育局等多个部门，一些部门利用国家政策巧立名目，乱收乱征，已经成为制约人工林可持续发展的主要障碍。停止征收育林基金，减轻林业税费负担，净化社会环境，既是广大人工林经营者的强烈诉求，也是林业治理能力现代化的题中之义。

第三，广泛动员社会力量，参与林业治理体系和治理能力现代化过程管理。林业治理体系和治理能力的现代化，离不开社会力量的参与。应允许、鼓励、支持成立各级人工林种植行业协会，倡导人工林经营者自律互助、自我管理、自我保护，实行行业自治。通过协商对话和有效沟通，及时、合理地处理人工林建设中存在的矛盾和问题。2015 年 10 月，广西人工林种植行业协会经广西壮族自治区民政厅审核批准正式成立，诞生了我国林业界第一家民间人工林种植行业协会。中国人工林种植行业协会也正在积极筹备中。社会力量的广泛参与，将有利于林业治理能力现代化水平的提升。

“以民之所望为施政所向”。速生丰产林建设工程要以市场为导向，按市场规律配置生产要素。要加快推进林业的各项改革，辅以多种政策扶持和法律保障，营造速生丰产林发展建设的良好外部环境。取消不合理收费项目，按市场经济规律办事，真正落实“谁造谁有、合造共有”的原则，保证人工林经营者的合法合理收益权，推动我国人工林建设工程可持续发展。

（广西人工林种植行业协会　董汉民）

保护好“绿水青山”　经营好“金山银山”

——关于加强森林资源高效培育的几点建议

党的十八大提出了“五位一体”总体布局，把生态文明建设摆在了前所未有的战略高度。《中共中央 国务院关于加快推进生态文明建设的意见》提出“坚持把绿色发展、循环发展、低碳发展作为基本途径”以及“在生态建设与修复中，以自然恢复为主，与人工修复相结合”等基本原则。习近平总书记就林业和生态文明建设发表了一系列重要论断，指出“绿水青山”就是“金山银山”，这一论断让人们看准绿色发展方向，看到美丽中国愿景。2016 年 1 月 26 日，习近平在中央财经领导小组第十二次会议上，再次强调森林关系国家生态安全，提出了“四个着力”的要求。党和国家对加强森林培育，提高森林质量，维护生态安全，促进绿色发展提出了很高的要求。2015 年，在中国林学会森林培育分会举办的“第十五届全国森林培育学术研讨会”上，来自全国高等院校和科研院所的专家学者就加快森林资源高效培育进行了深入探讨，一致认为森林培育肩负国家生态安全、木材安全、能源安全、民生发展、人民福祉等多重使命，必须为护美绿水青山、做大金山银山作出更大的贡献。

一、加强森林高效培育，不断增加森林资源总量

木材是可再生、可降解、低能耗的绿色材料，是人类目前四大主要材料（钢铁、水泥、木材、塑料）中唯一的可再生材料，是人类生产和生活中不可或缺的资源，符合绿色发展理念，应大力提倡使用木材。目前我国每年木材消耗量已超过7亿立方米，是2002年1.83亿立方米的3.83倍，对外依存度超过50%以上，已超过35%的国际贸易安全平均警戒线，危及国家资源安全。因此，65%以上的中国木材需求必须依靠中国森林的高效培育来满足。根据全国第八次森林资源清查显示，我国单位面积森林蓄积仅72.77立方米/公顷，不到世界平均水平的70%。人工林面积6933万公顷，居世界第一位，但单位面积蓄积仅35.8立方米/公顷，不到世界平均水平的50%，仅是德国等林业发达国家的20%~30%。在2015年巴黎气候峰会上，习近平主席代表国家庄严承诺，到2030年森林蓄积量比2005年增加45亿立方米。实现这一目标，根本途径有两条：一是继续增加森林面积，大力发展人工速生丰产林；二是大幅度提高现有森林的生产力和质量。

二、加强森林抚育经营，着力提升森林资源质量

要协调好森林“保护”和“利用”关系，丰富发展经济和保

护生态的辩证关系，护美绿水青山、做大金山银山。德国、瑞士、奥地利等欧洲国家的生态环境是全球的典范，但几乎所有的森林都在以择伐方式利用，实现了森林的生态、经济和社会功能的最大程度协调和可持续发展。这些国家的单位面积森林蓄积均在 300 立方米/公顷左右，其根本途径就是通过科学的抚育采伐或择伐更新方式提高森林生产力，形成复层异龄混交的恒续林；通过择伐方式将林地中的成熟林木采伐，同时实现林下更新。我国东北森林和西南等地区的天然林早年无节制无序地过度采伐带来了灾难性问题，因此，必须开展天然林保护。但是保护后的大面积天然林(特别是低效次生林)不应该一封了之。目前，许多天然林保护区域的森林不进行抚育采伐或低效次生林改造，这样的森林只会越长越慢，甚至会因竞争造成逆向演替而退化，形不成高生产力和高质量的森林。非自然保护区的天然林保护工程中森林应该采取以促进林木生长、森林健康和正向演替为目的的抚育间伐，并辅以补植补造、低效林改造等措施，逐步恢复和重建我国各区域高质量顶极森林群落，同时生产相当数量的间伐材。天然林是我国最具活力的天然宝藏，开展符合绿色发展理念的天然林保护应该是“在保护中发展，在发展中保护”，使我国天然林逐步走向生态、经济和社会功能全面推进的可持续健康发展道路。

三、加强速生丰产林建设，保障国家木材安全

应大力发展桉树、杨树、落叶松、杉木、松树、云杉等已经证明成功的主要速生丰产用材树种，不应该将一些速生丰产

用材树种“妖魔化”，这些树种是解决我国木材安全问题的“主力军”。德国能够每年生产木材 6 千多万立方米，我国疆土面积如此辽阔，年仅生产 8 千多万立方米，极不相称。我国应围绕上述主要树种，覆盖其所有适生区，建设一批长期稳定的全国木材战略储备生产基地。应将我国最具有木材生产价值和传统的主要林区，如东北等地区纳入基地建设。应将基地纳入国民经济的基础建设项目，建设完备的林道、水肥管理等配套设施，给予其依据市场需求自主确定木材采伐额度的特区政策。提高基地林良种化水平，加强林地的立地改良、水肥管理、高效抚育、主伐更新等集约化培育水平，使基地的速生丰产人工林生产力水平普遍超过每年每公顷 15 立方米，以保障我国木材产量和质量。

四、加强乡土珍贵用材树种培育，改善木材供给结构

加强乡土珍贵用材树种的培育，满足我国不断增长的对珍贵木材的需求。南方重点发展楠木、樟树、柚木、降香黄檀、西南桦、红椎等树种；北方重点发展栎类、楸树、椿木、水曲柳、黄檗、胡桃楸、紫椴等树种。珍贵树种培育周期很长，需要树立“前人栽树、后人乘凉”的理念，以培育珍贵大径材为目标，将培育周期延长至百年以上，以生产高质量、高规格的珍贵用材。创新珍贵用材树种培育理论与技术，结合中国实际，采用近自然林业理论和目标树作业体系培育林木，解决珍贵用材问题，造福子孙后代。

五、加强森林多功能利用，推进林业精准扶贫

高效森林培育应在注重森林主导功能发挥的同时，兼顾其生态保护、木质和非木质林产品生产、休闲游憩等多功能的发挥，逐步将我国森林分类经营体系调整为森林多功能培育体系。森林在发挥生态保护功能的同时，也在发挥木材生产功能、非木质林产品生产功能，同时发挥重要的风景游憩、休闲养生等的功能。森林多功能高效培育对林业产业的可持续发展，以及我国山区、林区产业结构向高效绿色发展方向调整具有极其重要的意义。山区农民、林区职工通过木材、林产品、休闲游憩等产业发展，实现摆脱危困、脱贫致富，实现“靠山自养、养山富民”，实现“绿水青山就是金山银山”。

六、加强林业科技创新，建立标准化森林高效培育技术体系

以主要造林树种为对象，在全国分区域系统建立森林高效培育长期试验示范基地，开展森林培育技术效果的长期监测，促进森林培育技术的提升。开展森林资源高效培育、森林质量精准提升、森林多功能培育等长周期持续科学研究，通过五十年到上百年的持续工作，建立起完善的、符合我国国情的标准化森林培育技术体系，为森林生产力的大幅度提高，森林质量的大幅提升，森林多功能的持续发挥产生重大的影响。

总之，通过以上森林高效培育理念和技术的发展，持续提高森林质量，解决我国木材安全问题，保障我国生态安全，真

正做到保护好“绿水青山”，经营好“金山银山”。

（中国林学会森林培育分会　贾黎明）

关于完善中央财政林业补贴政策的建议

为了促进我国森林资源建设与保护，调动森林经营主体营林积极性，2010 年在全国启动了中央财政林业补贴政策（以下简称“中央林补政策”），选择 11 个省（自治区）先行开展造林、森林抚育、林木良种和森林保险的补贴试点工作。截止 2013 年，已涉及 35 个省（自治区、直辖市）级单位，其中全国中央财政造林补贴试点完成造林面积 1606.89 万亩，涉及 29 个省的 1587 个县级单位（2016，国家林业局）。试点工作至今已实施六年，这里结合国家林业局经济发展研究中心在浙江、湖南、四川、辽宁等四省 2013～2014 年中央林补政策实施情况的跟踪监测数据，分析取得成效和存在问题，并提出政策建议。

一、中央财政林业补贴政策项目取得的成效

（一）促进了森林资源保护和森林质量改善

调查显示，随着中央林补政策，尤其是造林和抚育补贴政策的实施，造林面积不断扩大，森林结构与质量得到明显的改善和提升。四省八个案例县（市）2014 年中央财政造林和抚育补贴项目平均覆盖面积分别达到 811.1 公顷和 1444.5 公顷，其中造林补贴面积和抚育补贴面积最大的是湖南资兴县（1666.7 公顷）和湖南平江县（2066.7 公顷）。实施中央财政林业补贴政策项目六年来，湖南、四川、辽宁和浙江四省森林面积分别净增 115.6 万公顷、244.86 万公顷、60.02 万公顷和 3.63 万公顷，森林覆盖率分别增加 3.67%、4.97%、4.11% 和 0.33%，森林蓄积分别增加 11789 万立方米、8900 万立方米、9522.15 万立方米和 6434.92 万立方米。森林资源状况呈现出良好的发展态势。

（二）增加了农户林业收入，减缓了营林成本快速上涨的压力

2014 年调查显示，四省案例点样本户户均营林面积和林业补贴收入分别为 3.71 公顷和 3779.44 元/年，其中浙江农户因享受中央和省两级补贴，其户均林业补贴在四省中最高，达到 17772.08 元/户，该省 2013～2014 年样本户均林业补贴占林业收入比重持续递增，分别为 9.79% 和 30.42%。浙江 2014 年补贴户和非补贴户的户均林业收入分别为 17689.81 元和 8356.504 元，与 2013 年相比，在户均林业收入年增长率上，

补贴户（20.41%）明显大于非补贴户（8.55%），表明补贴户家庭林业收入具有明显增长优势，中央林补政策对农户营林收入有促进作用。

（三）提升了林农营林意愿，扩大了就业机会

中央财政林业补贴政策项目实施提升了林农的营林意愿，调查显示，四个省案例点补贴户的户均林业投入是非补贴户的3倍。同时，项目实施也为林农提供了较多的就业机会，如浙江省2个样本国有林场调查显示，2014年林场职工通过雇佣当地林农承包造林或抚育项目任务，总投入用工为422工，比2013年增加70.60%。农户和林场职工对补贴政策实施和执行效果的满意度较高，如2014年辽宁、浙江、湖南和四川的补贴户对林业政策的满意度分别为86%、72.6%、63.25%和40.45%。

（四）满足了营林生产过程资金和风险防范的基本需求

林业生产周期长，要经历自然、经济等多方面风险，导致资金周转困难。四个省实施状况看，浙江省造林补贴和抚育补贴标准最高，分别为4500元/公顷（含省级财政）、3000元/公顷；四川省造林补贴标准最低，为1425元/公顷且未实施抚育补贴。四个省林木良种补贴标准相同，种子园、种质资源库补贴9000元/公顷，采穗圃补贴4500元/公顷，母树林、试验林补贴1500元/公顷；苗木补贴标准为0.2元/株。中央财政林业补贴政策实施中注重营林的投入环节，减轻了林业生产初始投入巨大的资金负担。同时，为了降低营林生产过程的风险，实施了森林保险补贴政策。浙江省和辽宁省中央财政森林保险保费补贴比例为商品林保险30%、公益林保险50%，而四川省保险费标准为公益林 12 元/公顷（财政补贴 90%；农户缴纳 10%），商品林 22.5 元/公顷（财政补贴 75%；农户缴纳 25%），森林保险补贴可有效缓解营林受灾风险所造成的经济压力。

二、中央财政林业补贴政策项目实施中存在的主要问题

（一）规模经营主体获得补贴多，普通农户获得补贴少

集体林权制度改革后，产权细碎化特征突出。为了减少监督、验收和交易成本，项目实施过程中往往倾向于选择规模户（50 亩以上）作为补贴对象，导致普通农户（50 亩以下）受益面小。目前享受中央林补政策的普通农户比例偏低，例如，浙江 2014 年规模大户（3.3 公顷以上）中补贴户占 42.7%，而普通农户中补贴户仅占 22.34%，规模户相对普通农户获得补贴比例明显高，而在户均每公顷营林投入上，大户补贴户（4424.07 元/公顷）还低于小户（5032.36 元/公顷）。因此，政策的针对性和精准度仍有待商榷。

（二）补贴标准偏低，缺乏相应动态调整

自 2010 年中央林补政策实施实开始，造林补贴和抚育补贴标准就一直没有变化，缺少根据地区实际进行动态调整机制，难以弥补不断攀高的营林成本。根据造林和抚育项目的技术规程要求，2015 年浙江重点林区造林和抚育平均成本分别达 2300 元/亩和 450 元/亩，政府财政补贴仅占当地造林和抚育成本的 13% 和 22%。过低的补贴标准难以实现有效激励的政策目标。

（三）补贴类型相对较少，政策覆盖面过窄

一方面现有补贴类型的覆盖面不够，难以满足森林经营者

从事营林生产的资金需求；另一方面现有补贴类型设置面不够宽，只考虑了营林生产过程，而没有延伸到全产业链，难以满足林业功能定位转型的需求。浙江和辽宁林木良种苗木补贴主要对象为国有育苗单位，集中在国家和省级林木良种基地，集体林很难享受到此类补贴，而四川的非公有制林业主体没有享受到中央财政抚育补贴项目。以政策落实较好的浙江为例，样本户平均享受补贴也仅有 0.62 种，补贴户平均享受补贴 1.15 种。同时，政策实施对象较窄，如森林抚育政策仅限于生态公益林，在目前木材价格低迷和劳动力成本持续走高的形势下，难以调动经营者商品林抚育的积极性。因此，急需将商品林纳入到森林抚育补贴政策范围。

（四）技术规程欠合理，管理成本过高

一方面，部分技术管理规程不适应南方集体林区实际经营状况，直接影响到中央林补项目申请的积极性。突出表现在森林抚育方面：①森林抚育间伐规定强度过小。技术规程要求抚育间伐强度原则上规定不超过 15%，但现有生态公益林的郁闭度在 0.7 以上，林场管理者和当地林业局普遍反映 15% 的间伐强度远远不能满足森林有效抚育要求，也难以调动森林抚育积极性；②技术措施规定过于繁杂。南方最有效的森林抚育措施是割灌除草，但技术规程过于繁杂，不适用于南方实际。

另一方面，林权分散带来的监督成本上升，加大了地方相关部门中央林补项目管理的难度。根据规定，1 亩以上的森林经营主体就可以申报林补项目。因此，如果普通户申报参加中央林补项目，林权分散直接给林业管理部门的项目监督和验收带来困难。同时，在已经开始项目招投标的试点地区，由于林权分散也造成了招投标困难，流标现象较多，专业承包队往往因林权纠纷难以顺利施工。可见，这两方面分别从技术和管理两个方面影响到了地方实施中央林补项目的积极性。

（五）林业补贴政策宣传不到位，农户认知度低

目前，农户了解政策途径主要有三种，即村干部、村务公开栏、林业工作站或乡镇政府。从四省调研结果看，农户对林业补贴政策的认知呈现两个特点：一是补贴户和非补贴户林农对政策认知度差异大。补贴户的政策认知度（>60%）要明显高于非补贴户（<40%），虽然样本村都开展了各类林业补贴政策的宣传工作，但非补贴户对于林补政策仍然不了解，导致其在补贴项目申报中因信息不对称而处于劣势。二是不同地区对林补政策的认知也存在差异。2014 年监测数据显示，浙江省非补贴户了解林业补贴政策的比例（27.71%）比湖南省（6.3%）高21%，由于不同地区政府在宣传中央林补政策中的力度不同，导致两类农户认知度存在明显差异。

三、林业补贴政策改进与优化的建议

中央林补政策改革与优化要按照林业“双增”和“调整林业结构、促进农民增收”目标的要求展开，要主动适应经济发展新常态和林业供给侧结构性改革。要以需求为导向，改进补贴和管理办法，提高补贴效能，提高中央林补政策的精准性和实效性。

（一）补贴对象

由注重规模经营主体的特惠制向既注重规模经营主体又注

重千家万户的“普惠+特惠”制转变。针对目前规模经营主体获得补贴多而普通农户获得补贴少的实际，为了保障中央林补政策实施的公平性和普惠性，建议明确用于普通农户的补贴资金比例。同时，建立小规模农户专项小额贷款制度，提升其营林积极性。同时建议明确组织实施造林的主体，以地域连片的面积为单位进行申请，可鼓励普通农户之间、小户与大户或企业之间等联合进行造林补贴申请，推举联合项目负责人，这样既可以让大部分普通农户享受到林业补贴项目的实惠，又可以降低政府的监管成本和政策实施的交易成本。

（二）补贴标准

由低标准、一刀切向高标准、差异化转变，提高补贴效能。从国外林业财政补贴的经验看，补贴强度基本上为营林成本的40%~65%之间，补贴资金中央财政和地方财政按比例分摊。结合我国目前实际，建议尽快改变低标准、“一刀切”的补助方式，在财政资金有限条件下适度提高标准，实行与营林生产成本挂钩的差异化、动态化林业补贴。补贴标准可以3~5年作为一个调整周期，实现中央财政按不同地区营林成本20%~30%予以补贴的目标。同时，根据不同地区经济社会发展状况、营林成本差异，建立区域差异性林业补贴标准体系，改变现行补贴标准全国“一刀切”局面，高成本地区补贴标准应高于平均水平，在有条件的省级财政按照营林成本的20%左右进行配套。

（三）补贴类型

由单一化向多元化、由第一产业向全产业链转变。建议进一步优化中央林补类型的设置。一方面，现有的以营林生产过程为主的补贴类型，如造林、抚育等补贴应扩大其覆盖面，以满足森林经营者从事营林生产的资金需求；另一方面，将补贴类型从单纯的营林生产过程延伸到林业全产业链，以满足林业功能定位转型的需求，如林业基础设施建设（小型林业机械、小型灌溉设施）、林业社会化服务（林产品电子商务、林业科技采用）等方面。同时，拓展政策实施对象，如针对南方集体林区用材林中幼林亟需抚育量大的现实情况，将森林抚育政策补贴范围从原有仅限于生态公益林扩大到商品林，充分调动经营者商品林抚育的积极性。

（四）资金管理

由低效率、高成本向高效率、低成本转变，提高管理效率。林业补贴项目的技术规程应尊重区域特色特别是南北方差异，在营林技术手段选择上重点把握原则性问题，具体细则应由地方根据实际情况自主选择，建议适度提高南方公益林抚育间伐技术强度，根据林分郁闭情况可以允许在15%至25%之间进行选择，便于森林抚育工作开展。同时，当地林业管理部门承担了项的申报、监督和验收工作，管理成本高，建议在补贴资金中安排一定比例管理费用，以弥补管理成本和调动基层管理人员的积极性，提高管理效率。

（五）实施过程

由单一的宣传途径向多渠道政策信息宣传转变。建议组织编写林业补贴政策宣传手册，在基层通过手册发放、远程教育、农民信箱、广播、干部宣讲等多种形式进行宣传，提升农户对林补政策的认知度。具体实施中应重视“公平、公开、公正”原则，通过村“两委”讨论和村民代表大会确定补贴户名单并给予公示，项目完成考核后应对先进主体给予奖励并推广先进经验，提高地方开展中央林补项目的积极性。

关于开展天然林分类分级保育的建议

天然林是结构最复杂、群落最稳定、生物量最大、生物多样性最丰富、生态功能最强大的陆地生态系统，在维护生态安全、保障木材及其他林产品供给等方面具有不可替代的作用。自天然林保护工程实施以来，我国的天然林资源得到了休养生息，实现了恢复性增长。2014 年，习近平总书记明确提出，把所有天然林都保护起来；2016 年又提出着力提升森林质量，实施森林质量精准提升工程。国家林业局提出，2017 年实现全面停止天然林商业性采伐，这标志着我国天然林保护进入到一个新的阶段。2016 年，中国林学会组织相关专家赴天然林保护重点地区开展了专题调研，专家们一致认为，必须把天然林全面保护与科学保育有机结合起来，实施分类分级保育，真正实现天然林的全面、科学保护。

一、明确天然林保护与经营的辩证关系

近年来，虽然社会各界对天然林保护的重要性都有共识，但对如何实施天然林保护方面看法并不一致，很多人把天然林保护简单地理解为“封禁”，即绝对的保护。从科学发展的角度看，对天然林必须实行科学保育，即根据天然林的现状和培育目标，通过自然力和经营力的合力，实施持续的促进正向演替的经营措施(包括采伐)，维持和提高天然林生态系统的完整性、稳定性、活力、健康、多样性和生产力，提升天然林的多种功能。天然林保护并不是要停止一切森林经营活动。通过建立国家公园等从法律上禁止商业性活动，只是天然林保育的方式之一。单纯强调自然修复的消极作法，可能需要上百年或更长的时间才能恢复天然林的生态功能，显然不能满足我国森林质量精准提升的需要。而通过采取科学的保育措施，调节种间关系，将大大加快发展演替的速度。因此，应根据林学规律和经营目标制定保育措施，森林情况(林分类型、发育阶段、经营目标)不同，保育措施也应不同。

二、分类分级保育是科学经营的重要手段

天然林有不同的树种组成，在自然演替过程中呈现不同的阶段特征。受人为干扰的影响，天然林可能呈现正向和逆行演替及不同程度的退化，不同的自然区位和社会经济条件，人们对天然林的功能需求也不相同。这些都决定了，为全面提高天

然林的质量，需要坚持天然林分类分级保育的原则。如按树种组成，可分为针叶纯林、阔叶纯林、针阔混交林和阔叶混交林；按干扰程度可分为原始林、过伐林、次生林和退化林；按发育阶段可分为初始阶段、自然稀疏阶段、材积生长阶段、过渡阶段和顶极群落阶段；按主导功能可分为重点公益林、生态服务主导的兼用林、木材生产功能主导的兼用林等。不同的天然林类型、发展阶段和主导功能，需要不同的保育措施，全面科学的保育天然林需要实行分类分级保育。

三、现阶段重点应加强森林抚育和退化森林修复

当前林业面临的形势发生了根本性变化，已从简单的森林面积数量扩张，转变到扩大森林面积与提高森林质量并重的新阶段，着力提升森林质量成为林业工作的重中之重。天然林的面积和蓄积分别占有林地面积和蓄积的64%和83%，但天然林中没有人为干扰的原始林仅占5．8%，退化林占94．2%。天然林退化严重，但经营潜力巨大。全面停止天然林商业性采伐的目的是为了提高天然林的质量，加快天然林的恢复。而合理的采伐既是收获，也是提高森林质量的重要手段。商业性采伐是对达到经营目标的森林实施的收获性主伐，以获得收获为主要目的。天然林停止商业性采伐并不意味着天然林不允许经营，而是要把森林经营的重点转移到加强中幼龄林抚育和退化林修复的科学的轨道上来。

四、开展天然林分类分级保育的政策建议

（一）开展天然林分类分级保育试点

实施天然林分类分级保育，必须试点先行。建议在国有重点林区，依托全国森林经营样板基地和可持续经营试点，选择天然林类型典型、前期有技术积累、技术支撑单位实力雄厚的单位开展天然林分类分级保育试点工作。要求试点单位必须有森林经营方案，编制并严格执行天然林分类分级保育实施方案，并给予经费、人力和政策方面的支持，实现编制一个实施方案、建立一片示范林、形成一支技术队伍、一个科技支撑团队、创新一套政策，为天然林分类分级保育推广积累经验。

（二）完善天然林分类分级保育政策法规体系

首先，应尽快研究制定全国和地方层面的《天然林保护条例》，把天然林分类分级保育写入法规，以法律的形式固定下来，形成长效机制。其次，应出台“全面停止天然林商业性采伐”政策解释，阐明天然林停止商业性采伐的范围，明确商业性采伐是对达到经营目标的森林实施的收获性主伐，停止商业性采伐并不意味着天然林不允许经营，而是要分类分级开展森林抚育和退化林修复，废除“天然林抚育不能出规格材”的政策限制，并在采伐限额上给予保证。同时，要探索建立针对纳入“全面停止天然林商业性采伐”政策实施范围的商品林的补偿机制。

（三）加大天然林保护资金投入

天然林区基础建设落后，现有的林道、电力和供水等基础

设施难以保证开展天然林分类分级保育。尤其是林道建设，直接影响到森林培育、经营水平，事关森林资源安危。建议针对不同林区，规划制定科学的道路建设方案，按照分期建设、先易后难、修复和新建相结合的原则，参照国家新农村建设中“村村通”的建设思路，整合中央和地方各类资金投入，加大巡山护林道路和防火应急通道建设，为保护天然林提供基础保障。

（四）制定天然林分类分级保育技术标准

加强天然林分类分级保育关键技术研究，并逐步制定和出台可操作的天然林分类分级保育技术规范和标准，包括天然林分类分级标准、天然林抚育经营共性技术、针对具体类型的天然林个性技术等，形成国家标准为主体，地方标准为补充的完善的天然林分类分级保育技术标准体系。

（五）加强天然林分类分级保育监测

在天然林区和分类分级保育试点，开展天然林分类分级保育综合监测。采用遥感和地面调查相结合、点面结合、固定观测与临时调查相结合、资源监测、生态监测与社会经济监测相结合的综合监测方法，建立天然林保育监测网络，为天然林保护效益评价、政策评估和制定对策提供科学依据。

（六）开展天然林分类分级保育技术培训

天然林分类分级保育技术是一项全新的综合技术，具有较强的理论性和实践性。目前的基层经营水平距离天然林保育的要求有相当大的差距，必须加强对基层经营管理人员的培训。首先，要制定天然林分类分级保育技术培训计划，尤其是对天然林抚育技术人员的培训，提高他们的知识和技能，形成具有资质的专业队伍；其次要积极创造条件，吸纳和鼓励林学、森林保护、野生动植物资源保护等专业本科生进入天保工程队伍，从待遇、晋升等方面制定有利于他们自身发展的政策和优惠条件。

（雷相东　张会儒　王庆成　王得祥　陈世清等撰稿）

广西非国有企业人工林经营的政策环境亟待改善

随着我国林业产权制度改革的不断深化和投融资体系的不断完善，非国有企业逐渐成为我国人工林经营的重要主体。为深入了解非国有林业企业人工林经营现状及其面临的困难和问题，提出有针对性的政策建议，中国林学会在我国工业人工林发展最快的广西，组织开展了“非国有企业人工林经营问题调研”。

一、非国有企业在人工林经营中发挥着重要作用

（一）发展人工林产业意义重大

我国木材的年消耗量超过5亿立方米，木材对国外依存度达到了50%。发展人工林产业是增加森林资源、保障木材供

给、缓解我国木材供需矛盾的必然选择。在东北国有林区全面实现天然林禁伐的背景下，发展人工林产业是实施天然林保护和生态环境建设的间接手段，是解决林农争地、贫困山区农民脱贫致富的有效途径，是做大做强林业产业的关键举措。

（二）广西人工林产业发展迅速

广西是我国的林业大省，森林资源丰富，人工林产业发展迅速。集体林权制度改革以来，全区林业总产值从 2005 年的 293 亿元增长到 2015 年的 4300 亿元，增长了 14.7 倍。“十二五”期间，广西商品木材年产量达到 2550 万立方米，占全国比例从“十一五”的 1/7 提高到 1/3，成为全国最大的木材产区。

（三）非国有企业在广西人工林产业发展中发挥着重要的作用

广西人工林的快速发展得益于速生丰产用材林建设，特别是桉树人工林的快速发展。其中，非国有林业企业在人工林经营中发挥着越来越重要的作用。

1. 非国有企业是广西人工林经营的重要主体

随着国有林场功能定位由生产木材向生态保护转变，国有林场在人工林经营中的作用逐渐淡化，绝大多数的人工林是由非国有企业和林农来经营的。广西目前约有木材加工企业 15000 家，其中产值规模超过 2000 万元的达到 2000 家，绝大多数为非国有林业企业，并逐渐成为广西人工林经营的重要主体。

2. 非国有林业企业发展促进了广西林业总产值的快速增长

众多外资企业和民营企业的投资，极大地促进了广西桉树产业的发展，增加广西的林业总产值。广西林业总产值在 2010

年突破了1000亿大关，在2015年达到了4300亿元，成为广西的主导产业之一，这与非国有林业企业的快速发展密切相关。

3. 非国有林业企业发展促进了广西人工林产业的转型升级

非国有林业企业对于市场和先进技术的关注更高，竞争更加充分，在桉树等良种选育、栽培技术等方面取得了长足进步，桉树无性系快速繁殖技术处于全国领先，引种改良技术达到国际先进水平，客观上促进了广西人工林产业的转型升级。例如，斯道拉恩索广西林业有限公司通过加大科技投入、推广良种良法和机械化作业等，大幅度提高了林地生产力水平。

4. 非国有林业企业发展带动了当地经济发展和农民就业

非国有林业企业在带动当地经济发展和农民就业中发挥了重要作用。以桉树人工林经营为例，每亩桉树林从种植到采伐需投入约15个工日，一个轮伐期连续投资近2000元。据统计，2012年广西桉树人工林经营企业直接为社会提供了82.5万个就业机会。

二、非国有林业企业经营环境面临“四重”难题

在调研中，非国有林业企业普遍反映，地方政府部门乱收费、林地纠纷、采伐许可证和运输许可证申请发放、对于桉树人工林经营企业的政策歧视等问题，已经成为制约企业发展和人工林科学经营的重要障碍。

(一)乱收费现象突出

广西非国有人工林经营企业的税费负担一直十分沉重。在育林基金征收标准降低为零以前，非国有人工林经营企业销售

每立方米木材需要缴纳的各种税费占毛利润的75%以上，企业不堪重负。2016年《财政部关于取消、停征和整合部分政府性基金项目等有关问题的通知》(财税【2016】11号)中明确要求将育林基金征收标准降为零。然而，调研中我们发现，各市县林业局均已取消育林基金这项费用的征收，但仍有些地方还在征收检尺费，并且把“检尺费”变相成垄断性的各类“服务费”并与采伐证办理挂钩。采伐设计和采伐许可证相关的服务在不同区县均为指定的一个机构或公司所垄断。例如，永福县和平乐县林业局以30元/立方米所谓“林业服务费”加码征收变相的木材检尺费，对采伐剩余物收取25元/立方米所谓“采伐服务费”。一些市县以技术服务费或营林服务费名义变相收费，梧州市岑溪市还在以12.5元/立方米收取，苍梧县以10元/立方米收取服务费。一些地方的乱收费使林业税费改革的政策红利大打折扣，林业企业的税费负担没有得到根本改善。

(二)林地纠纷问题严重

非国有林业企业在人工林经营中面临着众多的林地纠纷。多数非国有林业企业在广西经营人工林所需要的土地是通过林场、村民小组租种的林地，租期较长，价格较低。随着集体林改的推进，多数已经出租的林地又重新分给村民，这样客观上造成了林地纠纷。同时，历史遗留的林地纠纷长期没有得到解决，随着土地升值，纠纷更加严重。很多非国有林业企业在人工林经营中都遭遇村民阻碍施工、拦路索要过路费、偷伐盗伐林木、反悔合同、索要补偿费等。而部分基层林业局则存在有法不依、执法不严、违法不究的行为。非国有林业企业在面临林地纠纷时，大多情况下只能靠出钱解决，为企业经营增加了许多不确定性的社会成本。

（三）人工林采伐许可证和运输许可证申请发放

采伐限额制度和运输许可制度是我国加强森林资源管理的有效制度。但是在调研中发现，当地在人工林采伐指标和运输许可证办理过程中存在诸多问题：一是采伐指标分配不公平、不透明，甚至成为个别人寻租的工具；二是个别地方以保护生态为由不发放采伐指标；三是采伐和运输指标申请的程序复杂、时间长、效率低。采伐和运输许可制度办理过程的低效、高消耗、人为设卡等问题，不仅加大了企业成本和负担，而且严重制约了企业可持续发展。

（四）部分区域对桉树人工林经营企业存在政策歧视

近年来，广西自治区内一些地方政府不依法依规、无端限制桉树人工林发展。有的县市对桉树人工林的种植出台了控制总体面积或全面退出改造的政策（俗称“禁桉令”），还有个别地方政府采取“一刀切”的方式，强行限制种植桉树。对于经营桉树人工林的企业存在政策歧视，在正常的林木采伐许可证和运输许可证办理中进行刁难，存在吃拿卡要的现象。在处理林地纠纷等问题上不作为、乱作为，严重影响了非国有林业企业经营桉树人工林的积极性。

三、关于改善经营环境、促进人工林产业健康发展的建议

针对非国有人工林经营企业面临的困难和问题，以完善经营环境、促进我国人工林产业的快速健康发展为目标，提出以

下政策建议。

（一）加强林业税费改革执行情况督查

将育林基金降为零等林业税费改革是国家从林业改革发展的整体出发，推动我国林业特别是人工林产业发展的重大政策福利，对我国森林经营特别是人工林经营具有深远的影响。因此，要加强林业税费改革执行情况督查，及时掌握各地林业税费改革执行情况，对于仍在变相乱收费等问题要及时责令整改。建立林业税费改革执行情况督查的常态机制，把握地方林业税费改革的新动向，及时遏制林业企业和林农负担反弹的新苗头，切实落实林业税费改革，为人工林经营企业和林农减负。

（二）加快林业行政审批制度改革

推进林业行政审批制度改革，完善针对短轮伐期工业原料林、商品用材林的采伐许可证制度，以森林经营方案中的采伐年限管理代替采伐限额管理，大大减少林业部门不必要的审批工作，使木材加工业更贴近于市场需求来进行生产，减少行政方面的干预。同时，要增强服务意识，充分利用“互联网＋”等信息化手段，实现运输许可证办理的电子化，提高工作效率，减少办理过程中的时间和社会成本。

（三）修改完善《森林法》相关条款，营造良好的法律环境

作为森林资源保护、利用的基本法，《森林法》处于森林法律体系的核心地位，自实施以来发挥了巨大作用。然而随着社会的不断发展，集体林权制度改革和我国林业经营主体的变化，现行《森林法》已经暴露出一些不足。例如《森林法》中只是对国有、集体所有和个人所有林业的法律地位做了明确的规定，但非公有制林业企业的法律地位却没有明确，权利甚至是被排除在外的。现行的林业法律和政策与大力发展非公有制林业不相适应。现行法律和政策一方面赋予了非公有制林业在森林、林木的生产、采伐、运输、流转等权利，另一方面却又设置了大量的限制性条款，经过层层控制审批，非公有制林业的权利名存实亡、流于形式。因此，在《森林法》修订过程中，一要明确非公有制林业在森林经营中的重要主体地位，保障非国有林业企业的合法权益等；二是要从法律上明确取消育林基金和其他不合理的税费；三是要突出分类经营，改革采伐限额制度和木材运输许可制度，明确工业人工林经营中森林经营方案的法律效力；四要推进集体林地所有权和经营权“两权分离”，创新林地经营权流转登记制度，明确林地经营权登记证书的法律效力，保障林地经营者在办理林木采伐、林权抵押贷款时的合法权益。

（四）推动出台《关于推动人工林可持续发展的指导意见》和《关于施行人工林采伐限额改革试点的指导意见》

在《森林法》修订完成前，着力推动出台《关于推动人工林可持续发展的指导意见》和《关于施行人工林采伐限额改革试点的指导意见》。人工林可持续发展道路不仅在于创新经营管理的方法上，需要建立并强化可操作的标准化、规范化实践指南。完善适应集体林权制度改革新形势的林业法律法规和税费改革配套制度，规范政府和业务主管部门的依法行政意识和行为，转变工作方式真正服务于民的问责制度。鼓励企业、个人等社会资本进入人工林经营领域，改革并落实林业税费相关政策法规，要创新林业产权登记制度，建立林地经营权证制度，明确林地经营权证在办理林权抵押、林木采伐和行政审批等事项的权益。尽快建立人工林采伐限额改革试点采用森林经营方案进行采伐代替采伐限额制度。

（五）发挥协会、学会等社团组织的作用

林业行业协会、学会等社会组织具有覆盖面广，联系会员紧密等特点，在林业治理体系中发挥着重要作用与特殊功能。建议进一步发挥协会、学会在促进人工林科学发展中的积极作用。一是积极发挥行业协会承接政府转移相关职能的作用，如开展人工林可持续经营技术培训、人工林经营先进技术推广等。二是充分发挥协会维护市场经营秩序的自律作用，依托行业协会通过开展行业自律，坚持可持续经营，在杜绝恶性竞争、维护企业合法权益、规范市场秩序方面发挥重要作用。三是发挥行业协会、学会为林业政策和产业提供咨询服务的作用，搭建连接人工林种植者、政策制定者和社会公众之间的桥梁，及时反映人工林经营者的政策诉求，推动人工林生产经营政策的完善和科学技术普及。

（中国林学会“非国有企业人工林经营问题”调研组，执笔人：王枫）